「森の演出家」がつなぐ森と人

五感を解き放つ　とっておきの自然体験

土屋一昭

化学同人

執筆協力／瀬戸内千代

はじめに

こんにちは。ツッチーこと土屋一昭です。「森の演出家」として、ふるさと多摩の古民家を拠点に、さまざまな自然体験プログラムを通して人を元気にする活動を続けています。森の演出家は、「森」「人」「食」の三分野に活力を注入して、森を盛り上げるプロデューサーです。やるべきこと、やりたいことが、次々とわいてきて、理想を形にしようと、日々奮闘中です。

約二十五年前、テレビ番組で「東京最後の野生児」と紹介されたとおり、僕の半生は野山を駆け回って面白いことばかりやっていました。ただ、野生児が社会人になろうとしたら、そこにあったのは壁ばかり。失敗や挫折の連続でした。そんなダメダメ人間が、いきなり東日本大震災をきっかけに、「人の役に立ちたい」という理念に目覚め、新たな役割を担ったのです。幼少期から積み上げてきた自然遊びのノウハウが、防災に有効だと知ったからです。こんな僕でも、人のためになれる時がきたのです。

僕は森の演出家を名乗る前から、多摩で十年ほど森林ガイドをしてきました。自然の中に、たくさんの大人や子どもをお連れして、森やゲストから多くを学ぶうち、自分なりの「五感メソッド」というガイド手法が最近ようやく形になってきました。

御岳古民家。©greenz / 横田みゆき

しかし、使命感に燃えて立ち上げた森の演出家協会は、一般社団法人と言いながらも、今はまだ動いているのは僕だけです。少しずつ賛同者が増えていますが、圧倒的に人が足りません。できれば全国の野生児に連携を呼びかけ、これまでの五感メソッドや自然体験プログラムの成果を整理して、仲間と共有したいと考えていました。そんな矢先、思いがけず書籍化の話が舞い込んだのです。

僕のここまでの歩みを振り返ると、断片的に見えた日々の努力も、失敗や挫折さえも、すべて無駄にならずに現在につながっています。そのことを具体的なエピソードとともにお伝えできたら、いま先が見えずに苦労している誰かの力になれるかもしれない。僕は張り切ってラップトップを開きました。と言いたいところですが、まったくパソコンを触らないため、口述筆記で思いの丈を語りました。ややぶっきらぼうなところがあるかもしれませんが、ご容赦ください。非公開エピソードも、今までの活動の写真も、たくさん公開します。

いろいろな場所で一緒に活動してくれたみなさん、撮影にご協力くださったみなさん、ありがとうございました。いい思い出のこもった写真ばかりですが、実地で五感をフル活用して現物に接する楽しさや豊かさにまさるものはありません。ぜひこの本を読んで、森と人とをつなぎ直す活動にご参加ください。そして、本を閉じたらすぐ、また一緒に森で遊びましょう!

目次

第1章

「東京最後の野生児」と呼ばれて

© greenz／横田みゆき

東京出身の僕は、あるきっかけから「東京最後の野生児」と呼ばれ、やがて森での仕事に打ち込むようになりました。紆余曲折を経て「森の演出家」として独り立ちするまでの半生を、家族や親しい友人にも話していなかったエピソードも含め、包み隠さず語ります。

遊び場は森の中

豊かな恵み

東京出身の僕が野生児と呼ばれていると言うと、東京のような所で野生児が育つものか、と思う方もいるだろう。しかし東京都は意外と奥が深いのだ。ピカピカの都会もあれば、雑多な路地が続く下町もあるし、地方と大差ない自然豊かな地域もある。高層ビルが立ち並ぶ新宿からＪＲ中央・青梅線に揺られて西方向に一時間も行けば、車窓は緑に覆われる。木々が茂り清流が輝く多摩地方。奥多摩町は東京都でありながら、森林率はなんと九十四％で、畑には毎日のようにイノシシが来るし、山にはシカもクマも、タヌキもキツネもいる。湧水も豊かで日本百名水に選ばれている。このあたりが、僕が生まれ育った場所だ。

多摩の山間に暮らしていた祖父母は、僕が生まれた頃には他界していて、父母と姉と僕は、そこから少し山を下った青梅市の今井という所に居を構えた。青梅は開発されて普通の町に近い雰囲気になっているが、自転車で五分も行けば、当時は、ホタルが飛び交う小川があった。学校の友達とよく遊んだ通称「ごきぶり山」には、ヤマゴキブリがたくさんいた。子どもにぴったりの小さな山だ。放課後に集まり、夏にはクワガタやカブトムシを採った。草地にはバッタやニホントカゲもいた。

長い休みによく行った母の実家の周辺も、自然が多くて遊び甲斐があった。神奈川県藤沢市

少年時代。

といえば、それこそ今では町の気配が濃厚だが、当時は猟帰りのおじさんが撃ってきた山鳥をぶら下げて歩いているような所だった。池でカエルを釣ったり、寒川《さむかわ》神社（神奈川県高座郡寒川町）のあたりの森でクワガタを採ったりした。母方の祖父母が亡くなる高校時代まで、ここも僕の大切な遊び場だった。

話を多摩に戻そう。自宅近くの自然の魅力は、なんといっても多摩川だ。東京湾に向かう下流のほうは人口密集地を流れる都会の川だが、多摩あたりの上流のほうは水も澄んでいて生き物も多い。子ども時代の僕は、暇さえあれば釣り竿《ざお》をひっつかんで川へと自転車を走らせた。学校がある日は、家に着くなりランドセルを置いて川に急いだ。往復一時間の距離とはいえ、庭のような感覚だ。

多摩の森にはいろいろな動物たちも生息している。何度か遭遇するうちに、ヘビがいると、なんとなくにおいでわかるようになった。大きな動物の気配も、姿が見えなくても、慣れてくると五感でわかる。とくに嗅覚は、森の中で頼りになる存在だ。クマ臭やイノシシ臭など、身の安全のためにも察知できたほうがいい。毎日遊んでいると、経験値が増えていく。

山の斜面には山菜が豊かに茂り、川の中には今晩のおかずが見えている。捕まるまいと泳ぎ回るのは、ヤマメやイワナといった渓流魚だ。季節によっ

▲御岳の風景。

▶多摩で手に入る山菜たち。

ては、ニジマスやアユもいる。釣らずに帰るわけにはいかない。多摩川には僕が生まれる前からダムがあり、定期的な放水によって水位が上下する。だから、一日のうちの釣れやすい時間帯はだいたい決まってくる。頃合いをみて釣り糸を垂らすと、釣れる前から心が踊った。

ヤマメを釣って帰った日は、親がご機嫌になる。母親はすぐに調理してくれて、夕飯の食卓には僕の魚が並んだ。山菜も喜ばれるから、春の到来が嬉しかった。ツクシやセリ、ワラビ、タラノメ、ヤマアケビ、ハマダイコン、ミツバ、ユキノシタなど、いろいろな山菜が旬を迎えると、僕はおおいに張り切る。しかし、せっかくの山菜シーズンでも野暮なことに学校の授業はあるわけで、ひたすら放課後が待ち遠しかった。

僕はセリなどタダでしか食べたことがない。新鮮なものだけ摘み取るから、買うより断然おいしい。サラダや付け合せにするほか、ワラビやウルイなどは漬け物にしておく。食べられるものは自然の中に数限りなくある。歩いているだけで、皿を彩るシソ類も摘めるし、おいしいクリの実も拾える。そんな調子だから、冷蔵庫には昔も今も、野山の幸がたっぷり入っている。

鳥のさえずり

僕は小学二年生の頃、親父の真似をして、シジュウカラやメジロやウグイスなど、約十種類の鳥の鳴き声を習得した。親父は祖父から習ったというから、一家相伝の鳴き分けワザという

シジュウカラ。写真：岡部正樹

メジロ。写真：岡部正樹

オオルリ。写真：岡部正樹

ことになる。ウグイスのオスは求愛シーズンの春には「ホーホケキョ」と鳴くが、これには地域性がある。その地域で一番強い個体の鳴き声を周囲のオスが真似するので、方言のようなバリエーションが生まれるのだ。奥多摩では最後が「ピョ」になるやつが多い。さらに個体によって上手い下手がある。練習中は小さな声で鳴いていて、上達すると高音《たかね》と言って大きな声で堂々と鳴く。ところが中には音痴な子もいて、それはどうやら練習で上達するものでもないらしい。いつも同じような場所に同じ個体が出没するから、森に通っていると、なじみのウグイスの練習の成果をチェックできてしまうのだ。ちなみに、メスは舌打ちをするように「チャッチャッ」と鳴く。「地鳴き」という鳴き方だ。秋になるとオスも、メスを確保して落ち着き、メスと同じ「チャッチャッ」に変わる。

オスメスの違いや声の意味を知っておくと、好きな時に好きな種類の鳥に語りかけることができる。オスを呼びたければメス鳴きをする。僕がオスになってメスに求愛してみると、ちゃんとメスが寄ってきてくれる。森をガイド中にこれを披露すると、僕が（鳥に）モテることを証明できる。

鳥は目がいい。鳴き声で判断して寄ってきたものの、お目当てはどこだとキョロキョロしている。そして僕のほうを見て、「おお人間じゃん」という様子で、しまったとばかりに飛び去っていく。この一瞬、戸惑う様子が可愛い。オオルリという鳥は、割と長くそばにいてくれる。僕が鳴いている間は、ずっと「どこにいるんだろう?」という顔をして近くにいることが多い。何分間もいる場合があるから、このオオルリ招きの鳴きワザは、のちに、野鳥の静止画を狙う

元祖・野生児（親父）とイワナ。

自然番組のテレビクルーに重宝がられることになった。

親父の話

　ここで、僕を野生児にしてくれた元祖・野生児の話をしておきたい。親父は、祖父の代からずっと多摩川で育っているから、川の素晴らしさも恐ろしさも熟知している。親父自身、小学生の時におぼれかけて、川のどんな場所が危ないかを体で理解したらしい。そんな親父だから、僕にも「危ないから川には行くな」とは絶対に言わなかった。むしろ、「危ない中にも、ものすごい宝があるから」と送り出してくれた。小学校の先生に、お宅の子が川に行っているからやめさせてほしい、というような注意を受けた時も、「息子が死んだら俺の責任だ」と言い切るような親だった。危なさを学んだ子のほうが、我が身を守れるようになり、結果的に安全なのだ、という親父の考えは一度も揺るがなかった。

　ちなみに、父方の祖父母には七人も子どもがいたから、そこから興味深いデータが得られる。同じような環境で育てば、全員が野生児になるのだろうか。伯父や伯母を見ると、そうではないことがわかる。親父は末っ子で、ほかに男兄弟が四人、女兄弟が二人いた。

野山を駆け回る野生児になったのは、七人のうち、親父を含む男三人だけだ。豊かな自然さえ用意すれば、野生児が自動的に発生してくるわけではないのである。野生児発生率は、性別や個性に加えて、時代背景にも左右されるようだ。親父が生まれた頃は飽食にはほど遠い時代だったから、貴重なタンパク源として、川で遊びながら魚などを捕っていた。食料調達のため、生活の必要に迫られて野生児になったわけだ。家族の命を支える昔の野生児はたくましい。それと比べると、僕の野生児ポジションは、多少こころもとない。現代人・東京枠での野生児認定ということで、読み進めていただきたい。

消防士だった親父が僕を森に連れて行くのは、たいてい夜勤明けだった。二十四時間勤務の翌日が非番になるのだ。親父の場合、森の中で釣りをするのが一番の休息だったのだろう。一人息子の僕も、夜勤のおかげで日中にたっぷり親父と遊べたのは良かった。

鳥好きも親父譲りなら、釣り好きも親父譲りである。僕が今、プロとして人に教えている釣りの仕掛けづくりや、のちに僕の人生を変えていくことになる「魚の手づかみ捕り」も、親父仕込みである。野生児スキルの基礎は、ほぼ、この幼少期に養われたと言っていい。「五感を活用する大切さ」や「危ないことを知る必要性」といった、のちに立ち上げる森の演出家協会の活動の肝も、この時期にベースはできていた。

仕事柄、リスクマネジメントのなんたるかを背中で語る親父だった。もう今は定年退職して趣味の釣りに余念がないが、当時はバリバリの消防士だったため、常に危険から逃れられない立場にいた。消防士は、絶えず無事故をめざして人助けを実践しているプロ集団である。大切なことは、危険を避けることではなく、目を背けずに相手を知ること。そして、「どのように事故が起こらないようにするのか」の一点に集中すること。そんな信念が感じられた。僕の川の一件について「俺の責任だ」と言った親父の覚悟は本物だったのだ。

これは余談だが、僕が高校二年生のある日、先生から呼び出しがかかった。いつもの怒られる時と調子が違って、明らかに緊急事態だった。校長から「君の父上が大変なことになっている。すぐに帰りなさい」と言われ、何がなんだかわからないまま帰宅すると、母親に「お父さんが生きて帰れないかもしれない」と、現実感のないことを告げられた。親父はその日（一九九五年三月二十日）、十三人もの犠牲者を出した無差別化学兵器テロ「東京・地下鉄サリン事件」に直面していたのだ。

未曾有の非常事態の中、親父の所属する東京消防庁の職員は、連続して発生した複数の現場に、乗客の異変の原因もわからないまま次々と急行した。この日、出動した消防隊員は一三〇〇人以上で、任務遂行中に倒れて入院する隊員も少なくなかったと聞く。いくつもの地下鉄の路線でまかれた猛毒のサリンを吸って、最終的に約六〇〇〇人もの一般市民が巻き込まれた惨劇だった。この事件で、救出・救命や病院への搬送に奔走していたのが親父たち消防士だったのである。幸い無事に帰ってきたのだが、息子として、親父に課せられている任務の過酷さを思い知った出来事だった。

ついでに家族の話を続けると、姉はスポーツ万能で何でも器用にこなすタイプだ。できの悪い僕は全部いいところを持っていかれたような気がしたこともある。親は、学校の勉強ができない僕を、「そういう方向じゃないほうが」という判断で、学習塾ではなく地元のカブスカウトに入れた。最年少の小学二年生から部活がきつくなる高校一年まで続けていた。仲間どうしでいろいろな所に行って、誰かのうちで食事をいただくこともあった。普段はなかなか他人の家で食事をする機会はないから、国内ホームステイのような経験は貴重だった。僕が所属していたカブスカウトの団は男の子しかいなくて、まるでガキ大将の集まりのようだった。夏には一週間ぐらい親から離れてキャンプに行った。ホームシックになる子もいたけれど、子どもたちばかりで、のびのびと過ごせて面白かった。

黒めだか救出作戦

僕は昔から動物を飼うのが好きで、小学生の頃は、何かを卵からかえして増やすようなことばかりやっていた。思い出深い動物といえば、まずメダカだ。家の付近の水辺には、まだ当たり前に野生のメダカが泳いでいた。でも三年生の頃になると周囲の開発が進み、田んぼが次々となくなってきた。このままではメダカの居場所が消える。あと何年かしたら日本固有の黒いメダカは絶滅してしまうのではないかと思えた。そこで僕は野生児ぶりを発揮して、救出作戦に打って出た。ヒメダカなどを混ぜないで、黒めだか（種名はミナミメダカ）だけを間違いなく掛け合わせ、累代飼育して種の保存を試みたわけだ。そんな難しい言葉は知らなかったけれど。

それで、じゅうぶんに黒めだかだけを増やせたので、先生の助けを借りつつ、地域の三十校ぐらいの小学校に寄贈しに行った。それぞれの小学校で累代飼育がうまく続いていけば、今頃もっと多くの黒めだかが東京に生き残っていたはずだ。ところが残念なことに、小学校に置いてある水槽のことだから、いろいろと中身が入れ替わったりしたのだろう。結局、どこの水槽でも、いつの間にかヒメダカが混ざってしまったようなのだ。あとから入れた水草に卵が付着していることもあるし、同じメダカだと思って入れたメダカが別種の場合もある。一度でも別種と交配してしまったら、もう元の遺伝子の群れとは違う。

仕方がないから、僕の手元にあった、混ざっていない群れを提供することにした。間違いなく東京産とわかっているものだけを、小学校の先生に託した。その後の細かい経緯は知らないが、地元の公立動物園に寄贈することになったと聞いた。ずいぶんあとになって、高校生の頃だっただろうか、自分の育てたメダカの子孫が気になり同園を訪ねた。すると、黒めだかの群れに、どういうわけかヒメダカが混ざっている。種の保存に対して強い思いのある大人はいないのだろうか。悲しくなって思わず職員の人をつかまえて「これ、もうヒメダカが入っちゃっていますよ」と指摘したものだ。

聞くところによると、最近は、東京動物園協会が「東京めだか」を守るため、特設ウェブサイトで情報を集めているらしい。その調査結果によると、すでに野生の生息地は都内に一カ所も見つからない状況になっているようだ。

卵が刻む時間

僕は、ニワトリの卵をかえすのも好きだった。当時は、卵をかえす授業が、小学校の理科の

ジュリアと名づけたニワトリ。
いただいた命は今も僕の中で
生きている。

カリキュラムに組み込まれていて、学校には、卵をほどよく温める孵卵器《ふらん》があった。それを自由に使わせてもらえたから、別に夏休みの自由研究でも宿題でも何でもなく、僕は趣味で、せっせと卵をかえした。とにかく、どういうふうにしたらニワトリの卵からひよこがかえるのかが気になったのだ。卵の親は、自分の家で飼っていたニワトリたちである。家でニワトリの世話をして不思議だったのだが、なぜか、どの卵も必ず二十一日でかえるのだ。温めてからの日数だから、細胞が分裂を始めて発生がスタートしてから二十一日ということになる。生命が刻む時計のようなものだ。

こういうことが好き過ぎる子どもだったから、トラブルも絶えなかった。家では、裸電球で卵をくるんだ毛布を温めようとして、あわや火事発生！という騒ぎを起こし、消防士の親父にゲンコツをもらった。学校では、「ポケットに入れるとひよこがかえるよ」とそそのかして、女の子に卵を渡したこともあった。その子は素直にポケットに入れてくれたけれど、あとからその親から苦情がきた。どうやら、ひよこがかえるより先に、ポケットの中で殻がつぶれてしまったらしい。

パサ。

東京しゃも誕生秘話

令和元年五月に「東京しゃも」という多摩発のブランドが、地理的表示（GI）として新たに登録された。この品種を管理しているのは、実家の近くの東京都農林水産振興財団青梅畜産センター（旧・東京都畜産試験場）だ。この開発研究の場に、僕は昔、子どもながらに居合わせた。

あれも小学三年生の頃だ。僕は鳥を見るのが好きなので、しょっちゅう自転車をこいで畜産試験場に通っていた。ちょうど新しい品種をつくる研究が始まっていて、施設内に入れてもらって、研究員の人たちに東京しゃもの原型を見せてもらった。シャモは「軍鶏」という字のとおり、激しい闘争心を持つケンカ鳥だから、同種どうしでも血だらけになって闘う。発情しているとなおさらで、せっかくオスとメスを一緒に入れても、オスがメスを殺してしまったりして採卵や孵化《ふか》が難しく、なかなか繁殖しない。そこで僕は、弱いオスと強いメスを探して掛け合わせたらどうだろうと提案してみた。自分の飼っているチャボでもっとも強健なメスを連れてきて、弱いオスのシャモと掛け合わせてもらった。そこで初めて生まれた個体を「パサ」と名づけた。毛がぱさぱさだから「パサ」だ。五羽生まれて二羽しか残らなかったが、その後どうなったのだろうか。詳細は不明だけれど、あのおいしい肉の開発に少しは関われたのかもしれない。

いじめっこを撃退

じつは僕はもろにファミコン世代でもある。小学三年生の時から世の中でゲーム機が売れ始め、五年生の頃にはスーパーファミコンが主流になった。山に囲まれた多摩の小学校とはいえ、その影響はあっという間に子どもたちの中に流れ込み、すでに身近にゲーマーの卵が現れ始めていた。多摩川は「近づいてはいけない場所」と学校で教えられ、川で遊んだ子どもは先生にゲンコツをもらう。怒られて廊下に立たされてまで、行っちゃいけない川に通う子はそうそういないわけで、多くは安易なゲームに走る。今思えば、僕らは「過渡期」の子どもたちだったのだ。

僕の軸をつくった「体験」の部分には、やはり、親の信念が関わっている。親父は自然が財産だと思っているから、絶対に自然の中で遊んだほうが良いという教育方針だった。ほとんどの子どもが持っているゲームボーイも、うちは買わないと宣言された。しかし子どもが好奇心を抑えるのは難しい。みんなも面白いと言っている。とりあえず、どんなものか知りたくて、友達のところでスーパーマリオをやらせてもらった。これは面白い！　でも僕の場合は、そのワクワクがまったく続かなかった。野山での遊びを超える興奮を一度も味わえないまま、じきに飽きてしまった。そして僕はまた森に戻った。幸い何人か同じようにゲームをやらない子がいた。一年中いつ見ても半袖短パンの子もいたし、元気なガキ大将連中が、まだ健在だった。

圧倒的多数がゲームっ子の最近とは違って、ゲーム要らずの子も、それなりに居場所があった時代だったわけだが、僕は小学生の中でも小柄なほうだったから、ゲームをしないことで多少、孤立してしまった。それで、インドア派のいじめっ子に目をつけられた。何度も頭をはたかれたりしてムカついていたが、背が低いから、やりかえして殴られたらと思うと怖い。だから手は出せなかった。かといって泣き寝入りするタイプでもないので、さてどうしようかと考えた。

やっぱり自分が勝とうと思ったら、舞台は森に限る。策を練って、うまいこと森のほうにいじめっ子を連れてきた。そして、タイミングを見計らって頭上のハチの巣に石を投げた。復讐完了だ。その時期のハチの状態や襲ってくる様子を知っていたから、自分は難なく逃げた（もちろん重症化しない弱い毒のハチだった。でも何回も刺されると稀《まれ》にアナフィラキシーを起こすので真似しないでいただきたい）。

またある時は森の中に、子どもが頭まですっぽり入るほどの深さの穴を三日間かけて掘った。竹を組んでふたをして、その上に新聞紙を敷いて、土でうまくカモフラージュした。そう、落とし穴である。ここにいじめっ子を導いて落としてやった。

そんなことがあって、あいつに危害を加えたらやばいぞ、と認識され始めて、僕は陰湿ないじめから脱出したのだ。いじめられた仕返しとはいえ、この話は残酷なので評判が悪い。でも、あえて野生児の生き延び方を示すためにカミングアウトした。心身に致命傷を負わないために、背の低い子なりに知恵を絞った結果だった。

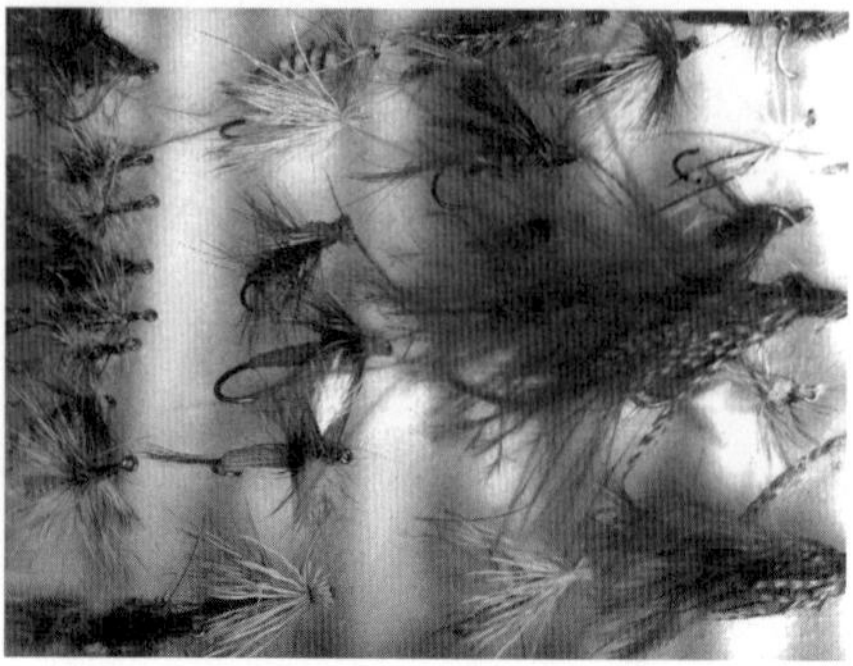
自作の毛鉤。

毛鉤づくり

穏やかな話に戻ろう。僕は時間があれば釣りに行く。川から上がる涼風や、季節の空気を感じながら、鳥のBGMの中で釣り糸を垂れる。物心がついた頃から釣りをしていたから、こうしていると、本当に落ち着く。

虫に似せてつくった疑似餌で、「毛鉤《けばり》」というのがある。僕はこれを、子どもの頃から手づくりしている。魚がかかった時、友人たちは「釣れた！」と叫ぶが、そういえば自分は「釣った！」と言っていた。どうやら自分だけ当時から漁師感覚だったらしい。

慣れ親しんだ水生昆虫の姿を頭に描きながら手を動かす毛鉤づくりは楽しい。最初のうちはまったくうまくいかなかった。見本を一つ手に取って、どこで何をひねって、どこでどのようにくぐって、結んで、留めているのか。気が済むまで観察して、よし！と手を動かす。数え切れないほど失敗するけれど、繰り返し手を動かせば、つくれなかったものも自分の手でつくり出せるようになる。自然の素材を使ったアナログな道具類なら、たぶん誰でも練習すればつくれるようになる。

僕は籐《とう》や藤《ふじ》づるで、かごやオブジェを時々編むけれど、これは祖母の手元を見て習った。うまい人の手元や実物をじっくり見て、見よう見まねで手を動かしてみる。やろうと思わない限り「失敗」もしないのだから、失敗するのは良い傾向だ。これは人生全般についても言えると思う。大きな失敗ほど、次につながることがいっぱいある。

根気よくやっていると、ふとコツがつかめたりして、そのうち習得して当たり前のようにできてしまう。自転車に乗るのもそうだけれど、何かを体得するためには、失敗を恐れずやり続けるしかない。諦めちゃいけない。山里に伝わる料理も野獣の狩り方や農作物の育て方も家の直し方も卵のかえし方も、生きる技術というのは、たいてい、そんなふうに挑戦と失敗の繰り返しで、代々途切れることなく伝わってきたのだろう。どんなに便利な世の中になっても、自分の目で見て、手で触って、自分の体を動かすことを怠ってはいけないと思う。

ニワトリとキジの話

毛鉤づくりには、鳥の羽が必要だ。「いい材料を」と願う僕が、学校から近い河川敷に野生化しているニワトリがいると聞いて、その話を忘れるわけがない。これもまた、もう時効ということでカミングアウトする。

僕が通っていた高校は、すでに廃校になってしまった都立秋川高校だ。五人部屋の全寮制の男子校で、ワイルドな環境だった。僕の同学年は二三〇人いたはずなのに、卒業時には確か九〇人ぐらいに減っていた。どんなメンツだったかは、ご想像いただきたい。背が低い僕は鬱憤のたまったヤンキーの餌食になり、またもや逆襲する必要が生じた。今度は体を強くしようと思って、柔道を習った。いっぱい投げて投げられて、人の痛みをたくさん学ぶことができたのは収穫だった。高校時代もまだ、少数派ながら野山で遊べるガキ大将仲間がいたのも幸いだった。

高校ではラグビー部に所属していた。その日の僕は、スポーツをやっている育ち盛りの高校生の常として、とても腹が減っていた。話を聞いてから何度も頭の中をトコトコと横切っていたあのニワトリが、空腹を意識し始めたら、またトコトコと脳内を歩き回った。もう迷いはない。仲間と示し合わせて河川敷に向かった。

野生化したニワトリは、ニワトリのくせによく飛んだ。だけど、小さい頃からニワトリをたくさん飼ってきて彼らの動きを知り尽くしていたから、捕獲は朝飯前だった。ナタで首を落として仕留め、血抜きをするために一晩そのへんにぶら下げておいた。ところが、その場所がまずかった。広い校庭の片隅に、ちょうどいい物干し台のようなものがあったから利用したのだが、どうやらそれは、美術の陶芸作品か何かを干しておく場所だったのだ。

朝になって行ってみると、死んだはずの獲物が消えている。キョロキョロしていると、たちまち校長室に呼び出された。第一発見者は、美術だったか、とにかく女性の先生で、登校して間もなく、血を滴らせつつ吊り下がっているニワトリの姿を目にしてしまったらしい。

「ギャーッ」という悲鳴が学内に響き渡り、騒ぎになったと聞いた。

この前後の顚末《てんまつ》を話すと自分の前科に大勢を巻き込むので詳細はぼかしておくが、とにかく命の大切さを知っている僕らは、そのニワトリを、ちゃんと丸焼きにして、おいしくいただいて、骨は埋めて土に返した。もちろん羽はフライ（毛鉤）にした。

学校は秋川という大きな川からも近いのどかな環境だったから、野生のキジともよく遭遇した。キジは、校舎のガラスに映る鏡像が自分だとは気づかない。発情期を迎えたオスは、ライバルのオスと勘違いして夢中でガラスに体当たりして自分相手に喧嘩を始める。そうなったら、チャンスだ。僕ら野生児仲間数名は、「おっとばせー！」（これは東京方言だろうか）と叫んでキジの周囲を取り巻き、一気に幅を詰める。追いやられてパニックになったキジは、ガラスに激突してだらーんと伸びてしまう。そこへ僕が駆け寄り首をゴリッ。それで放課後はキジ鍋パーティーと決まる。これも今だったら、御法度だろう。野鳥は貴重だから捕ってはいけないというのが現代社会の掟《おきて》なのだから。

ひと昔前の田舎は違った。戦後の貧しい時代の名残の、食うための狩りという要素を残したまま、僕が小学生の頃までは、野鳥の命と向き合う機会が日常の中にあった。中学生になった頃から規制がうるさくなってきた。だから、先程の高校生の時のいろいろは、時期的にアウトだろう。でも野生児の本だから伏せるわけにはいかないのだ。

明治〜昭和生まれの作家の書いた小説などを読んでいると、いろいろな方法で野鳥を捕る話が出てくる。その描写が面白くて、どれも試してみたくなる。でも昔の作品というのは今と法制度や世の常識が異なるものだ。野鳥との付き合い方に関しても、現代であれば違法だったり野蛮だったりして問題になる、いわゆる「不適切な表現」が含まれる。それは承知のうえだが、僕は、今より人口が少なく、今より自然が豊かで、今より動植物の中に人間が溶け込んで生きていた時代への憧れを捨てきれない。未成年の時には実際にとりもちを使ってウグイスやメジロを捕まえて、ひどく怒られた。こうしてつらつらと思い出していくと、僕は結構な頻度で、自然の中で遊び過ぎたかどで、大人から注意を受けている。現代社会では野生児は問題児と紙一重で、のびのびと遊ぶこともできない。

それにしても僕が十代の頃までは、本当に面白いことばかりやっていた。年々体力も充実していくし、いろいろな生き物と触れ合って知識も増える。大切なことを察知するアンテナのような「感覚」も磨かれる。幼少期に体験したことが、そのまま人生の礎となる。自然遊びの中で培った力は、そのまま実生活に応用できるものばかりだ。ヴァーチャルリアリティの遊びでは、こうはいかないだろう。ふるさとの野山や川が、かけがえのない原風景となり、その中で駆け回って体で覚えたことが、今でも僕の活動の軸となっている。

偶然、僕の生まれた家と育った地域と、通った小中高校には、野生児が青春を謳歌《おうか》できる環境があって、一緒に面白がれる仲間がいて、それを陰ながら支えてくれる大人もいた。いや、ギリギリ残っていたと言うほうが正しい。僕らの遊び相手だった動植物は、いまや生息地を失って次々と数を減らしている。貴重だからと禁止事項が増え、それと同時に、野生児も絶滅危惧種となってしまった。

恩師とテレビ初出演

その頃だ、僕がひょんなことからテレビに出たのは。カジカという魚を手づかみで捕まえて、「東京最後の野生児」と命名された。そこから今日に至るまで、出演したり、制作をサポートしたりして、複数局のテレビ番組に関わってきた。

僕の高校に、宮下力《つとむ》先生というフライフィッシングの達人がいた。現役の高校教諭でありながら釣り業界でも有名人で、よくテレビが撮影に来ていた。僕の毛鉤づくりのワザは宮下先生の直伝だ。先生と出会って、僕の野生児力は、さらに開花した。

十六歳の時、先生に推されて、ＮＨＫの自然番組などに何回か出演した。フジテレビの自然番組「晴れたらイイねッ！」では、多摩川でロケが行われた。その時にカジカを手づかみで捕ったところ、アナウンサーで人気レポーターでもあった益田由美さんの目に留まり、番組内で益田さんに「東京最後の野生児」と呼ばれた。これが、僕の野生児キャラ誕生の瞬間だ。「児」と言っても、すでに十七歳だったけれど。

四十歳を超えた今も、僕は友人や知人に「野生児、野生児」といじられながら生きている。面白がって自称してもいる。ほかのガキ大将仲間はとっくに森から巣立っていったが、僕は無意識ながら「最後の」という看板に責任を感じているのか、相変わらず野生児魂のまま、森とたわむれている。少し森から離れた時期もあったけれど、人生の節目のたびに面白いように森に呼び戻される感覚があった。やはり生粋の野生児なのかもしれない。

天職に出合うまで

野生児、衰弱する

東京最後の野生児と呼ばれた頃、じつは僕は体調が万全ではなかった。高校二年の後半あたりで体調が急降下して、森で遊ぶどころか、学校も休みがちになってしまった。病院に行くと、難病指定の「重症筋無力症」の疑いがあると診断され、検査入院を繰り返すことになった。狭い空間に閉じ込められ、痛い注射を打たれる。モルモットのような生活を強いられ、野生児はみるみる衰弱していった。このままだと車椅子を使う生活になると言われ、「発症したら二十歳まで生きられないかもしれない」とまで言われた。

ところが妙なことに、病院も学校も行かない日に家のそばの森で休むようにしていたら、少しずつ体調が上向いてきたのだ。森に行くと調子が良いというのは過去にも何度か感じたことがあったが、あの頃ほど明確に感じたことはない。

森で再生した経験は、後述する「五感メソッド」の誕生にも深く関わっている。死も覚悟していた僕は、森に入って瞑想した。それまで、さんざん森の中で過ごしていたけれど、いつも動き回っていて気づいていないことも多かった。本当に集中して五感を研ぎ澄まして森の息吹を感じたのは、この時が初めてだったと思う。

思い切り深呼吸をして、森の空気を肺のすみずみまで行き渡らせた。目をつぶって木漏れ日の温かさを感じた。樹木や土の香りをくんくんと嗅いだ。風の音や鳥のさえずりや、木の葉が落ちる音にも真剣に聞き耳を立てた。虫たちの動く気配を察知して、目を凝らしてみた。生きている喜びと、大自然と比較した時の自分一人の存在の小ささ。いろいろな感覚が冴《さ》えわたり、森への感謝がわいてきた。

だんだんと体調は良くなっていたが、投薬は続いていた。じつは、テレビ番組の中で「東京最後の野生児」と呼ばれた日も、硫酸アトロピン製剤を服薬していた影響で、瞳孔が開いてしまっていた。まぶしくて目がまともに見えていない状態だったが、そのことは一緒に出演していた宮下先生には伝えていなかった。先生に、カジカを手で捕ってみて、と言われて二匹つかんだ。だいたいどこにいるか見えなくても感覚で知っていたからできたことだった。そのシーンが、番組で放映されたのだった。

最終的には、僕のこの難病の疑いは晴れ、体調不良は、思春期特有のホルモンバランスの乱れにラグビー部の猛練習が加わったことによる過労が原因という意外な結論だった。もともと病気ではなかったわけだから、自然の中に戻ってゆっくり過ごすようになったら、その後の回復は早かった。

就職と転職、そして天職

しばらく欠席したから心配だったが、なんとか高校は卒業できた。しかし、ちょうど盲腸による入院が社会人デビューの春に重なってしまい、僕は四月入社の波に乗れなかった。少し遅れて就職したのは、庭園管理の仕事だったが、二日目にさっそくトラブルに見舞われた。ハチに刺されて、ひどいアナフィラキシーショックを起こしたのだ。医師の「また刺されると危険だから造園業はやめたほうがいい」という言葉に素直に従って即座に退職した。でも今思えば、もっぱら自然の中にいる僕がハチと遭遇するのは宿命のようなものだ。その後も九回も刺されてしまった（造園業続行の人生よりは、ちょっと少ないはずだが）。下手をすれば四十℃以上

今も釣りをする時間は死守している。

の高熱が出て死ぬ可能性もあると脅されているから、野生児のくせに僕はハチ対策の抗生物質を手放せない。慣れたもので、刺されても速攻で処置して通院し、いつも事なきを得ているけれど、刺す種類のハチには鉢合わせしたくないというのが本心だ。

秋になってようやく入社した大手製薬会社では、先輩社員の一人からのパワハラに見舞われ、結局、退職に追い込まれた。正社員経験の前後は、アルバイトで八百屋や肉屋、青果店など、いろいろな職場を経験した。どれものちの仕事につながる食材系だ。それから、手に職をつけるため、調理師学校に通うことにした。野生児だから、もともと鳥やシカなどをさばいて食べることには慣れていた。でも、おそらく調理師に興味を持った背景には祖母と母の存在がある。母方の祖母は和食をつくる料理のプロだった。その娘の母も祖母の技術を引き継いで料理上手だった。その流れで僕も調理師免許を取った。

釣りが相変わらず好きなので、病院の調理員、そば屋、ラーメン屋など職を転々としながらも、余暇はもっぱら釣りに費やしていた。高価なアユ竿が欲しくて、夜中の警備員のアルバイトも続けていた。警備員の仕事は、なんと言っても早朝に釣りができるのが良かった。親父は消防士の苦労を知っていたから僕には一度も同じ職業を勧めなかったが、夜勤明けに釣りをする習性だけは、しっかり息子に刷り込んでいたわけだ。釣りと仕事の日々の末、ようやく買えたアユ竿で釣りの大会に出た。さっそくプロにならないかと誘ってくれた方がいたのだが、何を隠そう、僕は本番に弱いのだ。本戦になると手が震えて普段のようには釣れないからプロにはなれなかった。

調理師を続けていた頃、それまでの経緯があったため、周囲からは「石の上にも三年」などと諭された。でも僕は、食べる人の顔も見られず、反応もわからない職場だったから、あまり長くはいられないと自覚していた。辛いな、辛いなと思いながらも我慢して厨房にこもって働いていたら、ついに自律神経がおかしくなって、ノイローゼ気味になってしまった。ここでふたたび、僕は森に救われることになる。高校時代に弱った時にも森で回復した。そして、このノイローゼ気味の時期にも、森に入ってしばらくすると、ざわついた心が落ち着くのを感じた。これには何か理由があるはずだ。森林浴という言葉があるけれど、いったいどういうわけで、森で過ごすだけで心身の調子が整うのだろうか。そんな疑問が頭をもたげるようになった。

ちょうど僕が森林浴の秘密について勉強し始めた頃、森に人を案内するための新たな資格制度ができた。地元の奥多摩の森も、リラックス効果が科学的に証明されたということで、「森林セラピー基地」に認定されたところだった。そこで僕は、二〇〇九年に奥多摩町で最初に「森林セラピーガイド」の資格を取り、森を案内するネイチャーガイドとして働き始めた。

ただ、当面はガイドの仕事だけでは生活できなかったので、アルバイトも続けていた。やがて、ネイチャーガイド兼アウトドア・シェフとして大手企業に職を得て一年半ほど勤めたが、ここでもまた別の種類の苦労が待っていて退社を余儀なくされた。僕はふたたび病院調理の仕事に就き、並行して、個人で森林セラピーガイドをしたり、調理師免許を活用した料理教室の講師をしたりするイレギュラーな生活に戻った。

森林ガイドに来るお客さんは、職場での悩みを抱えている人が少なくない。もし僕が、毎日の仕事が辛い人にアドバイスを求められたら、こう言う。「今の苦労が前向きな意味を持つ苦労なのか、一度ゆっくり考えてみてください」と。僕自身も当時はたくさん悩んだけれど、その結論として、自分の理念を曲げるような我慢を強いられる仕事なら、無理に続けないほうが正解だと思っている。耐え忍ぶことが美徳という風潮は、良し悪しだ。体裁や出世を捨てて、バカ正直に理念や信念に従うのは、損な生き方かもしれない。でも、自分の中心に理念を持っていないとしたら、人はいったいなんのために働くのだろうか。

社会には大小さまざまな職場があって、それぞれの場が独特の世界を形成している。いくつかの職を転々とした僕は、いろいろな場を味わって、僕なりに思うところがあった。どんな人間にも必ず光と影がある。職場にも良い時、悪い時がある。人間というのは矛盾だらけだ。エコだって、一歩間違えばエゴになる。そこで何を得たいのか自問自答して、やるべきことをやりきるしかない。

学校や職場でのいじめもそうだけれど、理不尽過ぎることに直面している人に対して、逃げたら負けと言うのは一種の暴力だ。精神的に追い詰められて肉体を滅ぼすような負の環境からは、早目に抜け出す勇気が必要だろう。いろいろなつながりが絶たれて孤独になるのは恐怖かもしれないが、案外、大切なつながりは失われずに残るものだ。僕は、過去の縁を今も保ってくれている面々を思い浮かべて、そう確信している。

紆余曲折あった被雇用人生の中でも、調理師免許や野生児の知識を生かせるガイドの仕事は、もっともやりがいがあった。僕は人より一時間も二時間も早く現場に入り、森に身を置いて、細かな変化を見るようにした。森に入るのが単純に好きということもあるが、何よりも、良い企画を立ててゲストに喜んでもらいたかったからだ。森の企画は森から生まれる。座して頭でひねくり回したアイデアは、足を使って動いて自然の中から直接もらったインスピレーションにはかなわないと思う。

一流になりたければ寝るなというスパルタ式は当時の僕には不可解だったが、今なら自分に求められていたことや、上司の言わんとしたことの真意がわかる。それぐらい必死に努力しないと本当の力はつかないという意味だったのだろう。プロフェッショナルとして自立したければ、夢中になって寝食を忘れて打ち込むぐらいの勢いが必要なのだ。あくまで自発的に。強制的な猛特訓や過重労働を正当化するつもりはない。

苦しかった時期を経て、僕の心の中には大きなバネが形成された。そして、仕事人生の前半が決して順風満帆ではなかったからこそ、森の底力を心と体で思い知る機会を得られた。いずれも不幸中の幸いだった。

森は、一人の人間をまるごと受け入れてくれる。肯定も否定もせず、ただただ、あるがままに。そんな環境が、人の心身を救う場合がある。度重なる試練の中で僕がなんとか自分を保てたのは、節目ごとにふるさとの森で息抜きをしていたからだと思う。

森育ちでなくても誰でも、緑に包まれていると、本来の自分にリセットされるような感覚を味わうことができるはずだ。なぜなら、森はすべての人類の遠いふるさとだから。こんな大きな恵みが身近にあるのに、見落としたまま、小さな世界で苦しんでいるのはもったいない。疲れているなと思ったら、疲れ切る前に、時々意識的に、自然の中に身を置いてほしい。自分に合った、居心地の良い環境が見つかったら、それはとてもラッキーだ。ぜひ通ってほしい。一人でも多くの人に、森の抱擁力を五感で感じる体験をして、笑顔になってほしい。

そんなことを願いながら、いろいろな人を森や川や自然の中に案内してきた。この仕事を始めてから、気がつけば、もう十年が経つ。無理に続けている感覚もない。まだ道半ばだけれど、これが僕の天職だと思っている。

3・11を経て使命に気づく

古民家を拠点に

二〇一一年三月十一日に東日本にいた皆さんは、あの大地震をどこでどのように体験しただろうか。僕は、あの日、森林セラピーガイドとして奥多摩にいた。当時の住まいは多摩から離れていたから、ガイド業のために森に来ていたわけだ。

発災時刻には、もう仕事は終わって、一人で、多摩川で釣りをしていた。のちに活動拠点として借りることになる古民家あたりの川辺だ。

揺れは、かなり強烈だった。山からコロコロと音を立てて、石がいくつも転がり落ちていった。魚たちはいっせいに上流に向かい、見ていると、次々と安全な深い所に入っていった。本能だろうか。たいしたものだ。僕も安全な場所に移動して、しばらく周囲を観察していた。

その後、不謹慎な話だが、僕は釣りを続けた。非常時だから、夕飯の魚を確保しておこうと考えたのだ。余震が続いて魚が落ち着かず、しばらくはまったく釣れなかった。でも、一時間ほど経つと、川も魚も、もう何事もなかったかのような様子になり、普段と変わらず釣ることができた。

夕方になっても電車は動く気配がない。持っていた保冷剤で釣果を冷やしながら三時間歩いて夜の八時過ぎに青梅市の実家に到着した。ダメージが長引く人間社会と、割とすみやかに回復する自然。両者のギャップを見せつけられたような夜だった。

千年に一度と言われる大震災は、多くの人の人生を変えた。僕も３・11を境に人生が変化した一人だ。

東日本大震災の数日後、テレビ出演からご縁が続いていたＮＨＫのプロデューサーから電話を受けた。あの時期の東北は寒くて、多くの方が凍えながら亡くなっていた。救助が向かうまでの間、暖を取って低体温を防ぐためには何をしたら良いのか、どういうふうに食事をつくって、どういうふうに食べれば良いのか、アドバイスがほしいと言われた。災害があった時に救助のタイムリミットと言われるのが「七十二時間」である。発災から三日間が生死を分けるもっとも大変な時なのだ。この間を何とか自力で生き延びてくれれば、救出できた場合に助かる可能性が高い。事態は急を要した。そこで僕は、知っている限りの、いくつかのポイントを口頭で伝えた。その僕の発言内容が、NHKで放送された被災者への呼び掛けに反映されていた。

震災前の僕は、病院調理の仕事をしながら、副業として森林セラピーガイドをやって暮らしていた。そのプロデューサーが、震災直後のその日、「土屋くんのやれることってさ……今の仕事もいいけど、みんなに伝える仕事もできるよね」と言った。

僕はそれまで、人に何かを教えたり伝えたりするという意識で仕事を選んだことはなかった。ネイチャーガイドはしていたけれど、そこまでの強烈な使命感はなかった。だから、「そうか、それもそうだな」と思った。自分が何かを伝えることができるなら、それをやろうじゃないか。急に新たなミッションが降りてきたと感じた。

その後、たまたま知り合いの大学教授が、「ツッチーさんに会わせたい」と言って、日本理化学工業株式会社の大山泰弘会長（故人）と引き合わせてくださった。チョーク工場でたくさんの障がい者を雇用して、働く人も買う人も幸せにする経営者として多くの人に感銘を与えていた大人物だ。教授と一緒に会いに行って、利他の精神を説かれたご著書にサインをいただいた。そして直々に、「人のためになることをやる人に、あなたは、なりなさい」と言っていただいた。それまでの僕は、「働く」ことの本当の意味を知らなかったと気がついた。まさに僕の座右の銘である「出会いは人生を加速する」を実感できた幸せな一日だった。

震災後の数カ月は、あまりの被害規模に日本中が麻痺《まひ》したようになり、自粛モードが続いていた。ガソリンが不足していたこともあって、レジャーで森に行くなんて、とんでもないという雰囲気だった。でも、こんな緊張が続く不穏な時こそ、森の中で一息ついて、束の間でもリラックスしてほしいという気持ちが僕の中で大きくなった。

そのうちに、森に近い古民家を僕が提供できれば、疲れている人が森に来て、その家でくつろぐことができるだろう、という考えに至った。そして、夢が広がり、勤めの仕事を辞めて個人事業主となって森のそばに拠点を構える未来を構想し始めた。ちょうどその頃、多摩の御嶽《みたけ》駅のすぐ裏に、震災をきっかけに築一五〇年の古民家を離れる方がいると知った。なんとか駅近のその家を借りることができないだろうか。さっそくお願いに行った。しかし、僕が独り者のよくわからない男だったから、交渉は難航した。

やがて、救世主が意外な所から現れた。古民家の隣人が、たまたま、僕がかつて多摩地域で何度か開いてきた料理教室に来てくれたことがある方だったのだ。その方に仲介していただいたおかげで、震災の年の七月には、無事に古民家を借りることができた。御嶽駅周辺は小さい頃から大好きな場所で、ここを拠点にするのは昔からの憧れだった。ついに念願がかない、ふるさとの森での仕事がスタートしたのだ。

テレビと野生児

古民家を拠点に展開している「森の演出家」の活動全般については、次章でくわしくお話したい。その前に、「森の演出家」と名乗るずっと前の、十代の頃から断続的に関わってきたテレビの仕事について語ろうと思う。

高校生の時に「東京最後の野生児」としてテレビに出たあたりから、ちょくちょくテレビ局からお声がかかるようになり、今もご縁が続いている。オファーの多くはNHKの自然番組の制作を陰ながらサポートする裏方だが、自然体験のスペシャリストといった位置づけで民放のバラエティーに出演することもある。

僕がこれまでに関わった番組は、NHKの「首都圏ネットワーク」「ひるプラ」「小さな旅」「さわやか自然百景」「ダーウィンが来た!」「すイエんサー」やNHK－BSの各種自然番組、BSフジ「なるほど!ザ・ニッポン」、BS日テレ「森人」、BSジャパン「咲くシーズ」「ポチたま」、BS11「楽しさいっぱい写真旅」、日本テレビ「ザ!鉄腕!DASH!!」、東京MXテレビ「5時に夢中」、テレビ東京「東京ガルリ」などだ。おもに制作アドバイザー役だが、ときどき出演もする。これまでに、アユの疑似餌（手づくりの毛鉤）で流し針という釣りをしたり、アユを食べてしまう大食漢のキツネ（口の大きなニゴイという魚）が増えている多摩川で、それを獲って調理したりした。これらを、忙しいタレントを迎えて限られた時間の中で、効率よくこなさなければいけない。

いくつかのテレビ番組の制作スタッフからは、ロケを行う前に、その場所、その時間帯、その天候で、目当ての動物がいるのかいないのか、よくアドバイスを求められる。自然相手なので思うようにいかないこともあるが、撮影前のロケハンで目当ての動物のだいたいの居場所がわかると、彼らのテリトリーを推察したうえで、一日かけて実地調査をして撮影に備える。そうすると、たいてい当日は画像や音が録れる。多摩育ちの僕は、地元の生き物のことであれば、

テレビ番組の制作サポート中。

何月何日という精度で、おおよその居場所の見当がつく。そんな野生児的マメ知識を、自然番組を制作するスタッフが重宝がってくれて、しばしば連絡を受ける関係が続いているのだ。

たとえば、冒頭でも少し触れたオオルリという野鳥を撮ろうとすると、デジタルのテレビカメラの性能上、最初の二秒ほどは使えず、少なくとも十秒はオオルリがそこにいてくれないと撮影がうまくいかない。そんな時、制作のサポート役として僕が、オオルリの鳴き声で彼らを呼ぶ。それに応えて、オオルリが樹冠の外側に出てくる。それも僕が鳴いている間、結構じっくりと近くにいてくれるから、それをカメラが撮るという具合だ。

ある時は、NHK－BSの「アインシュタインの眼」という番組で、トノサマバッタが飛ぶ瞬間をハイスピードカメラで撮影することになった。トノサマバッタは、ぴょんと跳ねるだけではなく、羽を広げてかなりの距離を飛ぶ。定点カメラで撮影するので、カメラを回すたびに一匹ずつ飛び去ってしまうことになる。それで僕に、三十匹を生きたまま用意してほしいというオーダーが入った。しかし、トノサマバッタは、川から川へ移動するぐらい飛翔能力が高く捕まえにくい。さて、どうするか。僕は小さい頃からバッタを飼っていたから、その弱点を知っていた。彼らは寒い日、たとえば前日に雨が降って羽が冷えたりすると、あまり飛べないのだ。それで僕は雨を待って大量捕獲に成功した。そして、蒸れると死んでしまうからネットに入れて搬送し、何とか納期に間に合わせた。こうして、日本初のトノサマバッタのかっこいい飛翔映像が撮影された。

生き物の飼育と野菜栽培

絶えず森を歩いて見ていれば、いろいろな生き物の様子が頭に入るけれど、それだけでは飽き足らず、僕は自宅でも生き物を飼っている。とくにスズムシはたくさん飼育していて、毎年の孵化のタイミングを記憶している。いつも春には、巨大な水槽二つに五〇〇〇個ほどの卵がある。この数が虫になると壮観だ。たいてい六月二十八、二十九日あたりに孵化が始まる。ピークは七月五日あたりだ。

この観察をここ十二年ほど、ひたすら続けている。これだけ続けると、温暖化の影響も見えてくる。確かに孵化のタイミングが少しずつ早まってきているのだ。地味なようだが、こういうマニアックなことをしないと、自然の変化を具体的に把握することは難しい。なお、これらのデータは「記憶」として頭の中にインプットしてあるだけで、文字に書いて発表するといったアウトプットはしていない。

スズムシを大量に飼うのは、上記のような興味もあるけれど、古民家のＢＧＭの演奏家として必要だからでもある。累代飼育をするからには、品質改良もしていきたい。そこで、音色が

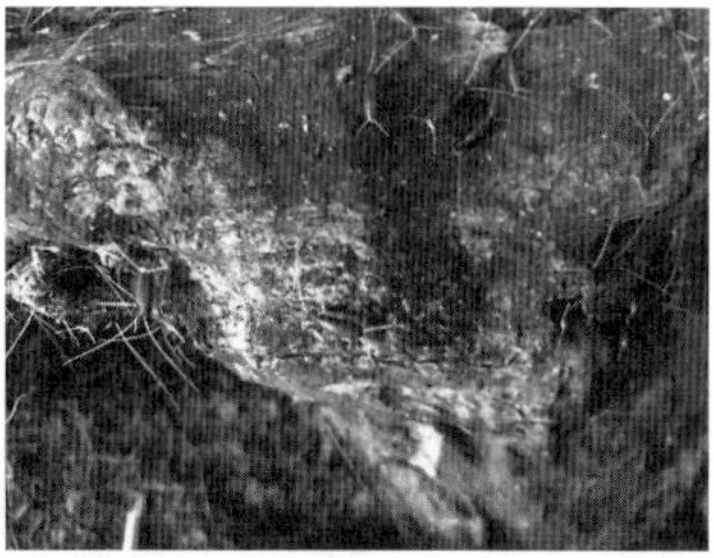

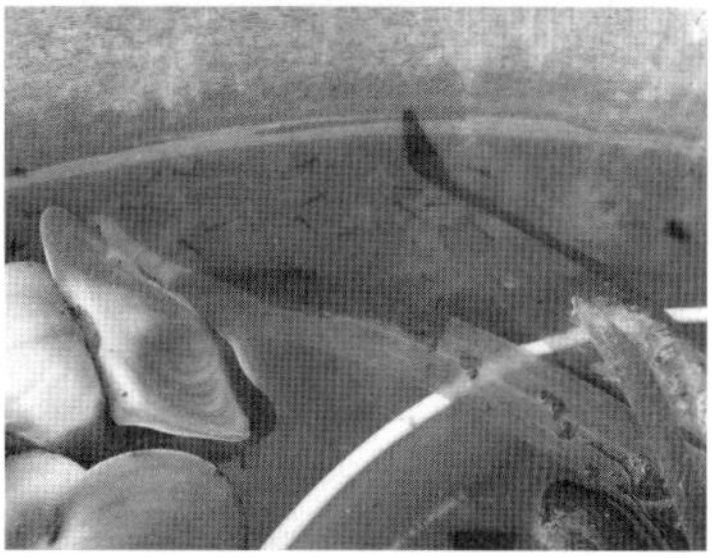

（左）古民家の裏の畑で野菜の栽培。（右上）まだ１回しか脱皮していない生後３日のスズムシの赤ちゃん。このあと３回脱皮して成虫になる。（右下）小さなメダカ（飼育種）や金魚の子がたくさん泳いでいる我が家の水がめ。

良いのを選んで交配させている。そうすると、科学的根拠はないものの僕自身の長年の観察では、「上手な音色」がちゃんと遺伝していくから面白い。遺伝子が偏りすぎると弱くなるので、ときどき新たに捕獲した個体を追加したり、飼育仲間とスズムシを譲り合ったりもしている。

こうして育てたスズムシは、夏に大活躍する。古民家に虫かごを置いて「鳴き比べ」を楽しみつつ、涼しさを演出するのだ。「古民家ヨガ」の時には、バックで虫たちに生演奏をしてもらう。あいにく虫の容姿に悲鳴を上げるゲストもいるので、スズムシには申し訳ないが、虫かごはカーテンや柱の影に隠すように置いている。

ほかに飼っているものと言えば、金魚やメダカがいる。繁殖させるのが得意なのでじゃんじゃん増やしては困って人にあげている。これは趣味である。一方、仕事としては、某メーカーの依頼で、森で見つけたカブトムシやノコギリクワガタを捕獲して、譲るまで飼育している。

植物も育てている。野菜づくりは、実家にいた頃からの親譲りの習慣である。古民家の裏の畑でも育てていて、一部は、古民家で営業している食堂で使う安心な食材になる。こういう経験や、幼少期から蓄積してきた森や川や動植物に関する知識が、なんだかんだとテレビ制作のサポート業務に役立っているわけだ。

通い慣れた森の中には、光がきれいに入る場所や、樹木の魅力が際立つ角度、人が座ると映える岩、背景のバランスが良いスポットなどが散在している。撮影に適した時間帯も、それぞれ違う。そういう情報が頭に入っているから、時には、モデルのスチール撮影や、テレビ撮影のロケーションについてもアドバイスを求められる。

メジャーなテレビ番組は影響力が大きく、環境保全の観点から気を使うことも多いのだが、これからも、自然に目を向けてもらうために、そして体験の楽しさを知ってもらうために、いろいろなマスメディアによる発信をサポートしていきたいと思っている。

野生児、飛行機に乗る

初海外はサンマリノ

仕事は思わぬ広がりを見せるから面白い。二〇一四年には、僕を応援してくださる方からの紹介で、生まれて初めての海外を経験した。行き先は、サンマリノというイタリア半島の小さな共和国である。東日本大震災の犠牲者を追悼するためサンマリノに神社がつくられたということで、その建立記念式典に、日本の代表団の一人として出席したのだ。サンマリノ駐日大使を務めるマンリオ・カデロ特命全権大使や安倍首相の母上といったＶＩＰとご一緒する旅だった。

僕の任務は、式典に参列する大勢のゲストの前で、日本の自然の良さを伝えること。この話をいただいた時、「僕には無理です」と一度は断った。しかし、当時の舛添要一東京都知事や青梅市役所の方たちが多摩に来られた日に、役所の方から「器は自分で決めるものじゃない」と背中を押してもらって、腹をくくった。

機内の僕は、人生初の長距離フライトにガタガタ震える哀れな野生動物だった。無事に着いたサンマリノでは、さっそく現地の鳥に話しかけた。鳥に国境は関係ない。多少の方言はあっても鳴き声は万国共通なのだろう。ちゃんとサンマリノの鳥も応じてくれた。式典では、できたばかりの神社のそばに、みなさんと二十一本の桜の木を植樹した。その時、そこで見た虫の顔ぶれが多摩の御岳山と似ていたから、ここも標高九〇〇メートルぐらいだろうと予想したら当たっていた。こんなに遠くに来ても、多摩の野生児スキルが生きることに驚いた。

この初海外は、後述する「東京・多摩国際プロジェクト」という僕の地元の地域活性化の取り組みを国内外に広める機会にもなった。同プロジェクトから生まれたユズの和菓子を持参したところ、大好評だったのだ。当時は未確定だったプロジェクト名に「国際と入れたほうがいい」とアドバイスをもらったのも、この時だった。いくつかの国の在日大使が興味を持ってくださったので、帰国後も大使館に呼ばれて話をする機会をいただくなど、良い影響が続いた。

外国人の皆さんにも多摩のユズの和菓子は好評。

まさに、同プロジェクトが世界に飛躍するきっかけとなった旅だった。思い切って参加して良かった。

ちなみに、二回目の外国はベトナムだった。偶然、当時のオバマ米国大統領の来訪と重なったため、僕が見たのは厳戒態勢のベトナムだった。ハノイとホーチミンで、日本の畑の技術を伝えるといった目的で訪れた。僕が二〇一五年に立ち上げた「森の演出家協会」の畑事業部長を務める仲間が、ベトナムで活躍中の日本人農業技術者（甘味料になるキク科植物ステビアの研究者）の弟子であり、そのご縁で、ベトナムの関係者から招かれたのだ。結合双生児ベトちゃんドクちゃんが、汚染の深刻さを世界に知らしめたベトナム戦争の枯葉剤による被害地域は現在どうなっているのか。それを知るため土壌のpH値の指標となる土の中の昆虫類などを調査した。日本と類似の虫たちが生息しているのを見て、ようやく通常の自然に戻ってきていることがわかって安心した。

ドギマギ中国体験

そして、三回目の海外が中国だった。二〇一八年九月、杭州《こうしゅう》で開かれる三日間の森林シンポジウムに登壇して、日本の森林ガイドとして講演をすることになったのだ。ところが、出発直前になって、同行予定だった森林医学の先生（121ページ掲載の李卿《りけい》先生）が多忙のため行けなくなった。僕はうろたえた。

中国出身で中国語がペラペラの先生が一緒だからこその出張だったのに、一人では右も左もわからない。またも小さく震えながらのフライトである。

僕は五カ国から招かれた代表の一人ということで、非常に良い部屋に通された。しかし個室の扉の外には、ずっと拳銃を持った兵隊二人が立っているから落ち着かない。緊張が解けないまま夜が明けた。シンポジウム会場では基本的に英語と中国語しか聞こえず、ほとんど僕には意味不明だった。

英語が達者な日本人の先生が一人いらっしゃったが、すぐ帰ってしまわれた。追い打ちをかけるように、僕のプレゼン資料一式は、中国政府の検閲のようなものに引っかかり、手元に届かなかった。どうやら動画が一切駄目らしい。残ったのは数枚の写真だけだった。持ち時間は四十分。資料はほぼゼロ。もう人生終わった、というぐらいの絶望を味わった。

僕は森の演出家として独立する前に、東京移転後のムツゴロウ王国のプロデュースを知人に頼まれ、数カ月間だけお手伝いしたことがある。ムツゴロウさんは動物の感情による鳴き声の違いを真似するのが得意だ。講演会に行った人が、お話の大半が動物の声だったと言っていた。僕も結果的に、親父譲りの「鳥のさえずり」を駆使した、ムツゴロウさん方式の（万国共通の動物語による）スピーチをすることになった。

僕は壇上に一人、複数台のカメラを向けられて立っていた。こうなったらすべてアドリブだ。森林のシンポジウムだから森林ガイドの視点で、森の話をすれば良い。覚悟を決めて、日本語で話し始めた。僕には聞こえないが、同時通訳つきだ。すぐに、鳥のさえずりを入れた。中国

中国でさえずる。

に着いてシジュウカラがいるのを確認していたから、「中国にもこういう鳥がいますよね？」と言って、シジュウカラの鳴き声をやった。この時ばかりは、話している時よりは多少の反応が見られたが、基本的に誰も笑い声を立てず、会場は水を打ったように静かだ。ちゃんと訳してくれているのだろうか。不安が募る。ヤマガラの声もやってみたが、誰もクスリとも笑わない。冷や汗が流れる。盛り上がるのは僕の動悸ばかりだ。

なんとか四十分が過ぎ、次は同じ壇上でパネルディスカッションとなった。今度は二十分ほど、他国の代表たちとの対談形式となる。しかし僕のイヤホンから聞こえてくる言葉は、なぜか中国語だった。さっぱり話の流れが読めない。ずっと真剣に聞いている体で静かに座っていたが、気がつくと、壇上の人が皆こちらを凝視している。会場の視線も僕に集まっている。マスコミのカメラもすべてこちらを向いた。どうやら僕の発言の番らしい。でも、何を聞かれているかわからない。万事休す。

同じ壇上の韓国代表の男性が、僕の戸惑う様子を見て、必死に笑いを噛《か》み殺している。じつは彼は、僕の知人だったのだ。登壇前に会場で、突然「土屋さん！」と日本語で声をかけられた。顔を見たら、日本の森で僕がガイドをしたことがある韓国の方ではないか。こんな偶然ってあるのだろうか。森林業界は広いようで狭い。

パネルディスカッション。右から２番目が僕だが、話の内容の半分も理解できたか心もとない。

彼は日本に数年間住んでいたから、日本語がわかる。それで僕は、壇上で彼に「これ、中国語なんだけど！」とイヤホンを指しながらジェスチャーと小声で窮状を訴えた。そして、彼の仲介で翻訳音声は切り替えられた。と言っても、英語になっただけだったが。

ようやく魔の一時間が終了した。中国の取材陣がたくさん来ていた。すべてのインタビューを、とにかく鳥のさえずりだけで逃げ切ろうとしたが、やはり限界があった。周囲の全員がいっせいに立ち上がるような中国の要人も顔を見せる硬めの会議だったせいだろうか、相変わらず、僕の必死のパフォーマンスに笑顔を見せてくれる人は誰もいなかった。

そんなわけで初の中国は、心臓ばくばくのまま走り抜けて幕を閉じた。さえずりの合間に、「中国にこれだけある大自然をもっと生かして、環境教育を徹底したら良いと思う」ということだけは日本語で言った記憶があるけれど、果たして、あれで良かったのだろうか。さっぱり手応えがなかったのだが、後日、意外にも中国の別の会議関係者から、また招致の打診があった。日本語が話せる通訳が同行すると聞いて、懲りない僕はまた、その気になり始めている……。

失敗は無駄にはならない

海外出張を経験して、英語力の必要性を痛感していた僕は、日本でメディアのインタビューを受けた時に、「英語を頑張る」と宣言してしまった。そして、どこかで一度しっかり習おうかと考えていた矢先、慣れない渋谷の雑踏で、「英会話を学びませんか？　私が教えます」と声をかけられた。見ると、非常にビューティフルな外国人女性である。これは運命だと思い、説明を聞いて数十分後には契約書にサインしていた。

確かに最初の二回までは彼女が教えてくれた。しかし三回目から別の男性講師に替わり、おかしいなと思っているうちに、六回目あたりには教室と連絡がつかなくなって、いつの間にか運営会社自体が消滅していた。すでに全コース費用の四十万円は振り込み済みだ。そう、野生児はまんまとだまされたのである。中断によって単純計算で一回八万円もの高額レッスンになったわけだが、英会話力は一万円分も身についていなかった。訴えようかと思ったが、じつは、その後も女性講師とは連絡がついていた。彼女も詐欺集団にだまされた被害者だったのだ。そして僕に「あの時はゴメンナサイ」と謝り、何度か森に来て僕のガイドのゲストになり、おまけに新たなお客さんを連れてくるリピーターになってくれた。そんなこんなで、僕はこの件は御破算と考えて忘れることにした。

と、ここまで数々の失敗をさらしたけれど、不思議なもので、これだけ滑ったり転んだりした割に、僕はあまり後悔していない（しかし皆さん、くれぐれも詐欺にはご注意ください）。どの経験からも多くを学ぶことができたからだ。マイナスだと思っていたことも含め、やってきたことすべてが、案外、無駄にはなっていない。

とくに、勉強や仕事の面で、体を使って積み重ねてきた体験は、決して自分を裏切らない。過去がすべて生きて、今がある。迷い悩みつつ手探りでやってきたことが、「森の演出家」として仕事をする時に、思わぬところで役立っていたりする。これは、振り返ったらそう思えたというだけの話で、渦中にいる時には気がつかないことだけれど。

こんな僕でも何とか頑張っている。だから、もし今、夢があるのに先が見通せず辛い人がいたら、「それでも、まず実行!」と伝えたい。やろうやろうと漠然と考えているだけでは何も始まらないし、せっかく始めても早々に諦めてしまったら終わりだ。とにかく、やるしかない。

目標を立てなくても人生は流れていくけれど、一年に一回でも、未来の自分がどこで何をしていたいのか、五年後、十年後の居場所や立ち位置を思い描いて、心の中でビシッと指を差してみることをお勧めしたい。それだけで、きっと「今日」が変わってくると思う。

第2章

癒やしの森へ ようこそ

「森の演出家」とは何者なのか？　そんな皆さんの疑問に答えるべく、これまでの活動実績をまとめました。実践を通して行き着いた「ツッチーの五感メソッド」と、その科学的根拠の解説つきです。活動の中で感じる現代社会の矛盾についても少々物申します。

「森の演出家」という仕事

森の演出家の三本柱

古民家を拠点にフリーランス（個人事業主）として働くようになると、森林ガイドの範疇《はんちゅう》を超える仕事が増えてきた。ちょうどその頃、僕の古民家に取材に来たあるアナウンサーが、僕の多岐にわたる業務を見て「森の演出家ですよね」と表現してくれた。そして、ネイチャーガイドなら全国にたくさんいるけれど、あえて少し背伸びして「演出家」と名乗ることで、日々勉強が必要になるし、その勉強が徐々にキャリアに生きてくるのでは、といったアドバイスをくれた。

その時の僕は、「東京最後の野生児」と命名してもらってから二十年ほど経ち、そろそろ幼虫から成虫に脱皮する頃かと考えていた。しかし、最初は「演出」という言葉が引っかかった。そもそも森は自然に存在していれば十分で、演出なんてされたがっていない。僕らが勝手に演出して仕事をいただいているだけなのだ。森と共存共栄することで僕らが元気になったり、人間が介入することで生物の多様性が増したりするというのは、あくまで人間目線の解釈である。森には本当は関係ないだろう。

だけど、こうして僕が、森に対しておごらず、勘違いせずにいられるのも、森に入って五感を磨いた結果なのだ。人と森が離れて、自然のあり方や人間の立ち位置といった物事の本質を見抜けなくなったら、自然との付き合い方は狂ってきてしまうだろう。それを食い止めるため

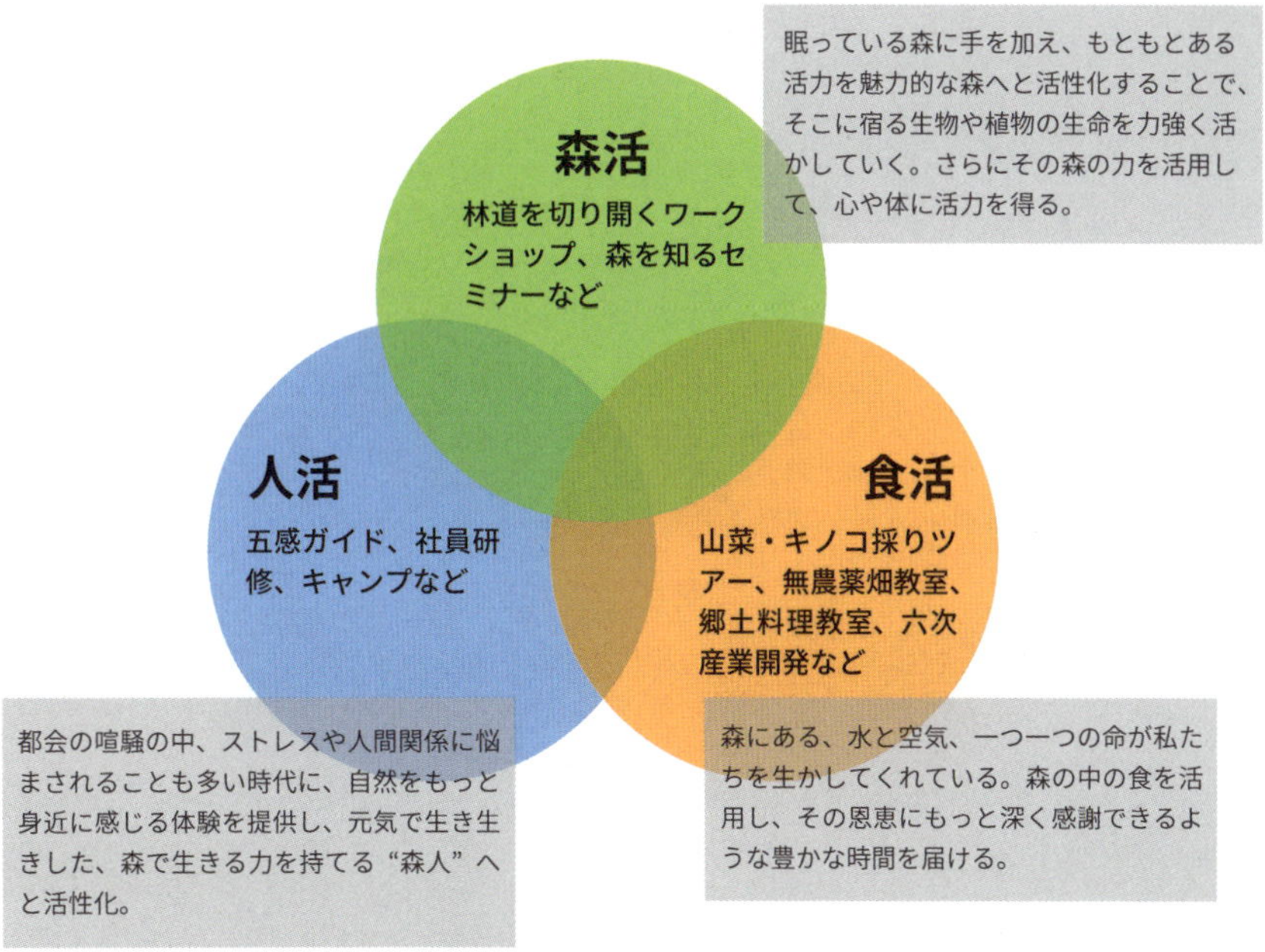
眠っている森に手を加え、もともとある活力を魅力的な森へと活性化することで、そこに宿る生物や植物の生命を力強く活かしていく。さらにその森の力を活用して、心や体に活力を得る。
森活
林道を切り開くワークショップ、森を知るセミナーなど
人活
五感ガイド、社員研修、キャンプなど
食活
山菜・キノコ採りツアー、無農薬畑教室、郷土料理教室、六次産業開発など
都会の喧騒の中、ストレスや人間関係に悩まされることも多い時代に、自然をもっと身近に感じる体験を提供し、元気で生き生きした、森で生きる力を持てる“森人”へと活性化。
森にある、水と空気、一つ一つの命が私たちを生かしてくれている。森の中の食を活用し、その恩恵にもっと深く感謝できるような豊かな時間を届ける。

図1　森活・人活・食活のトライアングル

にも、やはり多くの人に森を知ってもらいたい。僕はそのために働きたい。そういうわけで、矛盾を自覚しつつ、僕は二〇一二年あたりから森と人との媒介者として、あえて「森の演出家」という肩書を使い始めた。

二〇一五年九月には一般社団法人森の演出家協会を設立した。同協会は、「森」「人」「食」の三つの活力を活性化して活用することをめざしている。森活（モリカツ）・人活（ヒトカツ）・食活（ショクカツ）は重なり合っていて、互いに切り離せない（図1）。この森と人と食の輪の中で、人が育っていく。変わっていく。元気になっていく。

森の演出家協会は、ホームページにも、どこにもメニュー一覧や料金表を掲げていない。プログラム名も料金も、オファーをいただくたびに、クライアントが求めるゴールに沿って組み立てるオーダーメイドだ。「こんなこと、できますか?」とご相談いただき、そのつど考案している。近い将来メニュー化を図るとしても、ワンパターンで驚きのない運営に陥らないよう

澤井ゆず。「東京・多摩国際プロジェクト」ホームページより。

にしたい。五感を重視する僕らの活動は、ワクワクできなかったら意味がないからだ。これからも持てるスキルの限り、いろいろな方とのコラボで森と人と食を活性化すべく、多面的な活動を展開していく。

ここからは、「森の演出家」が過去に提供してきたおもなプログラムを、写真を交えてご紹介したい。森・人・食の三分野にまたがる実績集だ。

地域創生サポート

地元の多摩で僕たちは、ユズで地域を元気にする活動をしている。東京都の青梅市は、その名のとおり梅の名産地だったが、二〇〇九年にプラムボックスウイルスの被害で梅が壊滅状態となり、主役不在になってしまった。そこに再発見されたのが「澤井ゆず」だ。江戸の昔、参勤交代で殿様に献上されていた歴史を持つ香り高いユズだが、最近は活用されずに多くは実り過ぎて捨てられていた。

そのユズに着目した和菓子職人の古関一哉さん(「銀座かずや」店主)が僕に声をかけてくれて、一緒に企画を始めて、わずか四カ月で澤井ゆずを使った新作和菓子が形になった。二〇一二年には、JA西東京のユズ農家や、材料加工を請け負った障がい者就労支援NPO多摩草むらの会などの協力を得て、「東京多摩ゆず最中」や「東京多摩ゆずわらび」が発売された。

前述のような経緯でサンマリノでのお披露目を機に世界とつながり、この取り組みは「東京・多摩国際プロジェクト」と命名された。ユズに限定していない大きな名称のとおり、このプロジェクトは地元の酒造やアスリートやアーティストなどを巻き込んでどんどん成長した。

古関さんとのコラボで誕生したユズの色や香りを活かした美しい和菓子シリーズは、世界を意識したデザインのパッケージで勝負に出ている。御嶽駅前でも販売して、好評を得た。デビュー七年目の今も、人気の贈答品として、多摩地域を潤している逸品だ。最近は、澤井ゆずを中心に東京都西部で守られてきたユズのいくつかの品種を「多摩ゆず」と総称してブランド化する動きに発展し、サイダーやシロップ、カレー、ポン酢、ホットペーストなど、ユズの魅力を輝かせる新商品が登場している。

多摩以外での地域創生事業

森の演出家協会は、多摩以外の地方でも、地域の活性化をサポートしている。同じくユズを使った新たな名産品づくり（六次産業化）に取り組んでいるのは、奈良県東吉野村だ。東吉野村では「もうユズれない」という面白い企画名で、いろいろな町おこしをしていた。そこで僕は、ユズで甘みをプラスした味噌の開発などに携わった。同村では婚活をプロデュースしたこともある。面白い事例なので、のちほどご紹介したい。

そのほか、日本の魅力を日英バイリンガルで発信する情報サイト「いいね！ＪＡＰＡＮ」では、地域プロデューサーを拝命した。二〇一六年に愛媛県や広島県を巡り、それぞれの県の特

（右上）東吉野村でプロデュースしたパウンドケーキ。（右下）広島の子どもたちと。（左）広島の森をガイド。

産品を国内外に向けて紹介した。その縁もあって、広島県安芸太田市が「五感メソッド」（後述）のイベントを開催してくれて、講師を務めたこともあった。

単発で「癒やしの空間をプロデュースしてほしい」といった地方自治体からのオファーをいただくことも多い。よそ者の僕が実際に、その地域の自然の中で過ごす時間をいただくと、多摩とはまた違った魅力が次々と見えてくる。たとえば、人工林より天然林が豊かな広島の森には独特の美しさがある。プロモーションビデオを一本つくる場合にも、その魅力を際立たせる撮影手法が求められる。どの角度から何を撮るかといった細かなアドバイスも、森の演出家の仕事だ。

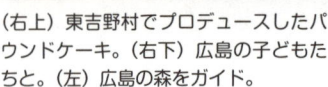

企業研修プロデュース

企業向けには、これまで、社員の適性を見抜

企業研修。

くための自然体験や、職場の人間関係改善に役立つ森を活用したアイスブレイク、うつ対策を含むリスクマネジメントなどのプログラムを提供してきた。人事は企業の重大な関心事であり、人を「活かす」ための森活の需要は高い。森にはリラックス効果があることが医学的に証明されている（116ページ参照）から、福利厚生の一環としてバーベキューなどのイベントを森の中で開催して、社員のストレス軽減を図っている企業もある。社員研修という形でも、複数の大手企業が多摩の森を活用している。

一例として、クライアント企業の社員どうしの一泊のキャンプに火おこし体験を組み込むことがある。火がおきないとバーベキューができない。腹が減るのは本能だから、そこでミッションが本気になり、ドラマが起きる。誰が組織の中でリーダーシップを発揮できるのか。火をおこすというミッションの前には、上司も部下もない。ここでの結果は単純明快で、火をおこした人がヒーローになっていく。口だけではなく実行する人が正当に評価される。できそうになかった人が案外できて一目置かれたりもする。やってみるまでわからない。新鮮な発見と相互理解が、職場にプラスの変化をもたらすと高評価をいただいている。

火おこしミッションは、企業でなく家族でやっても興味深い変化を生む。三家族を対象に二泊三日のキャンプを実施した時は、火をおこせず食べるも

石積み。

火おこし。

のがない家族は、あわや家族崩壊か、というような険悪なムードになった。そこに、よその家族が食べ物を分けることで、コミュニティーが生まれた。非常時には、人と人との間に新たな関係が芽吹く。火をおこせなかったお父さんが夜のうちに手から血が出るほど特訓して、次の日に皆の前で火をおこした瞬間には、大きな拍手がわいて、見守った大人の目からも子どもの目からも涙がこぼれた。自然の中で体を使って活動していくと、日常では味わえない感情が湧き上がる。

火おこし以外にも、野山や川には単純だが夢中になれる「遊び」の材料が山ほどある。石積みは、河原の天然石を使ったバランスゲーム。塔ができたら、それに石を投げて的あてゲームだ。ここは無礼講だから、上司が苦労して積み上げた塔が部下の投げた石の一撃で崩れたりして、おおいに盛り上がる。水切りは、平らな小石を投げて水面でバウンドさせるゲームである。晴れた日は水しぶきに虹がかかって美しい。水切り上級者が多い時は、川の対岸の岩などに的を定める。小石がはずんでいって、そこに当たるまで競うのだ。

こんな素朴な遊びを通して、その人の人間性や底力のような

裏の畑でとった野菜。

古民家の囲炉裏でカジカを焼く。

ものが表面化する。上司と部下がひっくり返る面白さもある。人というのは案外、かなり前からの知り合いでも、浅い付き合いでは本質がわからない。自然体験を通すことで、見えてくるものがある。

日本の伝統食の継承

どの家庭にも冷蔵庫や冷凍庫や電子レンジがあり、さらには夜遅くまで営業しているスーパーマーケットやコンビニエンスストアが巷にあふれる現代では、生き物を生きている場所から直接とって、目に見える形で命をいただく体験がないまま大人になってしまう子がいる。

採集や狩り、栽培や収穫、養殖や漁獲、調理や加工など、自然界から栄養を得るためのノウハウは、便利な社会になればなるほど手元から離れていく。平時はそれでも何とかなるかもしれない。でも、いざ災害などで電気やガスや水道が途絶えたり、孤立したりした時に、食の知識や技術がまったくないと、家族や地域の人はおろか、自分のことすら助けられない。

森の演出家協会は、火をおこさないと食事にありつけないプ

きのこ類の採集には毒きのこを
見分ける基礎知識が欠かせない。

ログラムや、その場で摘み取った野草を皆で食べたり、川で釣った魚を食べたりするプログラムを通して、「食」を見つめ直す機会を提供したいと思っている。

日本には四季があるから、いろいろな企画が可能だ。山菜シーズンには、スーパーでは売っていない新鮮な野の草花を皆で楽しむ。ふだん僕が一人で山菜を採っていると、同じ視点で山を歩いている野生児の大先輩たちと出会って、盛り上がることがある。四十代にしては珍しく山菜育ちの僕は、年配のじいちゃんばあちゃんたちと話が合うのだ。彼らの豊富な知識に触れると、数十年前までの日本では、こういう野草が食卓に上るのが当たり前だったことがわかる。

僕は調理師として働いた過去の経験を生かして、体にいいものを参加者が自分の手でつくって食べる活動に力を入れている。あるプログラムでは、トマトが嫌いで一切食べなかった子が、好き嫌いを克服した。自ら種をまいて小さな芽から見守り、水をやって育てて、ようやく実ったトマトを、「おいしい」と言って食べたのだ。この変化がなぜ起きるのか。その答えが「食活」の中にあると思っている。

ある春、子どもたちを対象に、キュウリの種をまいて持ち帰り、家で育ててもらうプログラムを実施した。夏野菜は目に見えるほどのスピードで、ぐんぐん育つ。そして、上へ上へと伸びるキュウリのつるは、安全なものを見つけて巻きつく性質がある。ある朝、子どもが指をキュウリのつるにそっと近づけてじっとしていたら、つるが動いて手にくっついたそうだ。それを、お母さんが泣きながら報告してくれた。「本当に生きているんだ！」と親子で体感できたという話に、思わず僕の涙腺も緩んだ。食育では地産地消とよく言うが、もっと近い自宅の庭や自分の畑などで育てて収穫したものをいただく「自産自消」には、さらに深い学びがあるのだ。

東京・表参道では、親子を対象に、ピクルスづくりをやった。僕が完全無農薬の畑でつくったキュウリやニンジンを持参して、もともと野菜についている菌を活かして発酵させる方法をレクチャーした。透明なガラス瓶の中に色鮮やかな野菜が並ぶ様子は、インテリアとしても美しい。一週間漬けておくだけで、栄養価がアップした野菜を手軽につまんで食べられるようになる。

食活を日常生活に落とし込むには、「誰が料理をするのか」という着眼点も大切だ。森の演出家協会が施設運営をサポートしている「おぐに森林公園」（新潟県長岡市小国町）では、「お父さんヒーロー化計画」と題して、いつも食事づくりで忙しいお母さんたちにビールでも飲んで休んでもらおうという企画を立てた。その傍らで主役のお父さんたちが火を操りせっせとおいしいバーベキューを仕上げる。家庭でもそのような図です、という家族はともかく、普段はお母さんしか料理をしないという家族にとっては、参加したお子さんも含め、こういうイベントは良い刺激になる。おぐに森林公園では、これ以外にも企画を立てて、三十～四十代のお父さんたちが秘めたる野生児力を発揮して地域のヒーローになっていけるように、着々と計画を進めている。

多摩の古民家では、そば打ち体験や餅つき、味噌づくりイベントなどを繰り返し開催している。昔ながらの和食には、生物の力を借りた発酵技術や、理にかなった調理法など、学ぶべき知恵がたくさん詰まっている。日本の伝統食は昨今、家庭での継承が難しくなっているので、とくに親子対象の教室に重点を置いている。

あるイベントでは、多摩川の河原で、皆でヨモギを摘んだ。何組もの親子が総出で餅をついて、ヨモギを混ぜて、つくりたてのよもぎもちを茹でて食べた。とても香りが良く、古民家がぎゅうぎゅうになるほどの大盛況だった。

「手前味噌」づくりは、出張講座のリクエストも多い人気講座だ。お母さんたちや、お父さんたち、親子など、いろいろなグループを対象に、各地で開催している。

二〇一七年には、サンマリノでご一緒した一般社団法人国際教養振興協会代表理事の東條英利《ひでとし》さん（東條英機の曾孫）のお声がけで、神社に味噌を奉納した。それも、親子など四十人以上の参加者と手づくりした味噌だ。

味噌づくり教室では、味噌をみんなでなめてみる。「しょっぱい！」と

▲つきたてのお餅はどんな感触かな？

▶よもぎもちづくり。

子どもが声を上げる。そこで、塩の役割について改めて考えてみる。森の中で重労働をする林業家が、なぜ「塩にぎり」を食べるか、という具体例も挙げて話をする。塩の歴史はとても古い。海水から塩（おもに塩化ナトリウム）をとった残り汁が、いわゆる「にがり」だが、これはミネラルたっぷりで、豆腐づくりの時に使う凝固剤だ。味噌から塩、塩から豆腐と、和食の素材は一つ一つがエピソードに満ちている。

和食の味つけは、だしがベースだ。十歳児までに、いかに和食を食べたかによって、だし特有の旨味を好きになるかどうかが決まると言われている。ファストフードのどぎつい香辛料に早くから慣れてしまった口は、味蕾《みらい》（舌の味を感じる部分）が駄目になって、繊細な薄味や、素材本来の味が感じられなくなってしまう。「和食の味わいがわかる味蕾こそ未来に残したい」と僕は、いつも言っている。それぞれの食品の製法に意味があって、栄養的な価値もある。そこを次世代に伝えていきたい。

古民家での活動

御嶽駅で降りれば、清流まではたったの五分。多摩川の流れを包み込むように奥多摩の山々が連なり目を楽しませてくれ

▲古民家での味噌づくり。握っているのは味噌玉。

◀大阪の由緒正しい若宮八幡大神宮に味噌を奉納。

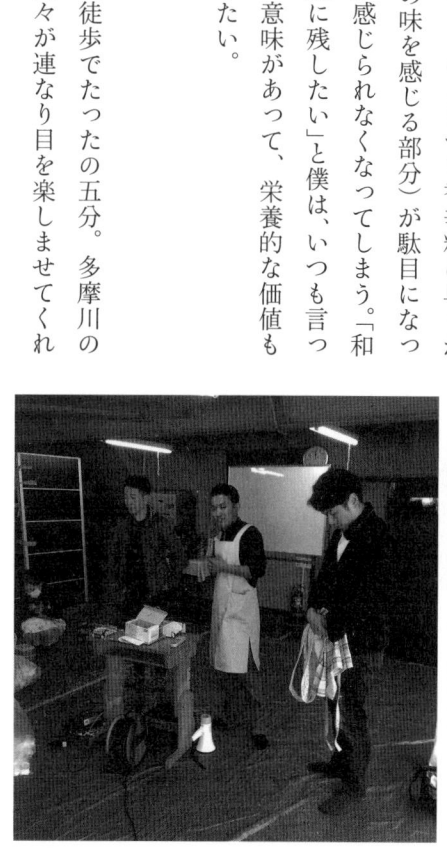

故郷が遠い方々を正月に
手料理で迎えた。

る。ハイカーに人気の地だが、人は多すぎず少なすぎず、ちょうどいい。すぐ釣りに行けて、いつでも新鮮な山菜が食べられる。とにかくストレスがない。

先日は、庭先でアオダイショウがとぐろを巻いていた。ネズミを食べてくれるため、このあたりでは人に大事にされているこのヘビは、僕が近寄ってもまったく逃げようとしない。「ストレスがない」と言ったが、この環境は、ヘビが嫌いな人にはストレスだろう。虫が嫌いで田舎は苦手という人も多い。誰しもトラウマの一つや二つは持っているから仕方ないが、克服は可能だと思う。

ちなみに、僕は幼い頃に巨大なシェパードに襲われたせいで大型犬が苦手だ。ニワトリを飼っていたから全身から鳥臭がしていたのだろう、訓練された賢い犬だったが本能に負けたらしい。少年だった僕は太ももに大怪我をして、それ以来、大型犬を見ると殺気立つ。犬も僕の殺気を察知してうなるから、なおさら仲良くできない。犬だらけのムツゴロウ王国で少し働いた時、さすがに慣れるだろうと期待したが駄目だった。しかし最近、優しい顔をしたゴールデン・レトリーバーあたりなら、もしかしたら友達になれるかもしれない、と思えるようになってきた。

田舎は動物まみれだが、それも含めて楽しんでいただけたら嬉しい。自

（左上）川があれば何はともあれ、釣りをする。（右上）イキのいいアユ。（左下）古民家で親子と。
（右下）古民家の庭に竹を設置して流しそうめん。

然界は人智を超える存在なので、僕らが何かしらの畏れを抱くのは、むしろ健全なことだ。ヒトは天敵がいないと思っていい気になっているが、それほど強くないと僕は思う。

御嶽駅のすぐ裏にある築一五〇年の古民家が、二〇一一年以来の僕の拠点で、森の演出家協会の事務所も兼ねている。今は土曜と日曜を中心に和食を提供する「御岳食堂」という名の食堂も営業中だ。春はヤマメやイワナといった渓流魚、夏はアユ、冬はワカサギ。ジビエ料理になる鳥や獣は、友人の猟師が仕留める。魚は、僕が釣って提供することもある。厨房に立つのは、僕が指導した調理師のスタッフだ。

この御岳古民家では、不定期で、五感体験プログラムや苔玉づくり教室、藤づるを使ったかごづくりなど各種日帰りイベントを開催している。インターネットで開催を知ったファミリー層を中心に、都内や他県からも来てくれる。

第二の拠点、古民家FURUSATO

二〇一六年からは、「古民家ＦＵＲＵＳＡＴＯ」という、二つ目の拠点でも活動している。こちらは、御嶽駅から奥多摩町寄りに二つ下った古里《こり》駅の近くにあり、「ＦＵＲＵＳＡＴＯ」の名は、駅名の漢字に由来している。こちらでも不定期に、いろいろな日帰りイベントを企画している。

古民家ＦＵＲＵＳＡＴＯの主役は、すぐ近所に住む地元のおばあちゃんたちだ。おばあちゃんたちは筋金入りの料理の達人だから、山菜料理やこんにゃくづくり、そば打ちなど、いろい

（左上）クワガタと触れ合う。（左下）親子で川遊び体験。（右上）古民家ＦＵＲＵＳＡＴＯ。（右中）ホットケーキを焼き、手づくりのゆずジャムでいただいた。（右下）古民家ＦＵＲＵＳＡＴＯで会える「おばあちゃん」たち。

ろなことを教えてくれる。和食だけではない。あるイベントでは親子がたくさん参加して、おばあちゃんたちと「ゆずジャム」をつくり、手づくりのホットケーキに添えた。ご近所暮らしのおばあちゃんたちは、講座に関係なく家族のように行き来している。ここの温かな雰囲気が気に入ってリピーターになるお客さんも多い。こうして人と人との顔の見える付き合いが始まり、観光地だった多摩が来訪者一人一人の「関係地」になっていく。

古民家FURUSATOの親子プログラムには、スペシャルゲストが登場することもある。ある時は、国立研究開発法人宇宙航空研究開発機構（JAXA）から宇宙教育リーダーの和田直樹さんを迎えた。古民家で壮大な宇宙の話を聞いた時間は、きっと幼い子どもたちの心に一生残ることだろう。

赤ちゃん向け「木育」

ヒノキの香りには、「ヒノキチオール」という成分が含まれる。これはフィトンチッドの一種だ。フィトンチッドは、植物が発する揮発性の化学物質の総称で、ヒノキチオール以外にαーピネンやリモネンなど一〇〇種類以上が知られている。そしてフィトンチッドは、自律神経に影響を与える。自律神経というのは、人を興奮させる交感神経と、逆に落ち着かせる副交感神経から成り、この相反する二つの神経は、自律的に、つまり僕たちが意識しなくても、常にバランスを取って、内臓などの働きをコントロールしてくれている。フィトンチッドは、この自律神経に作用して、交感神経よりも副交感神経を優位にする。だから僕たちは森の香りにリ

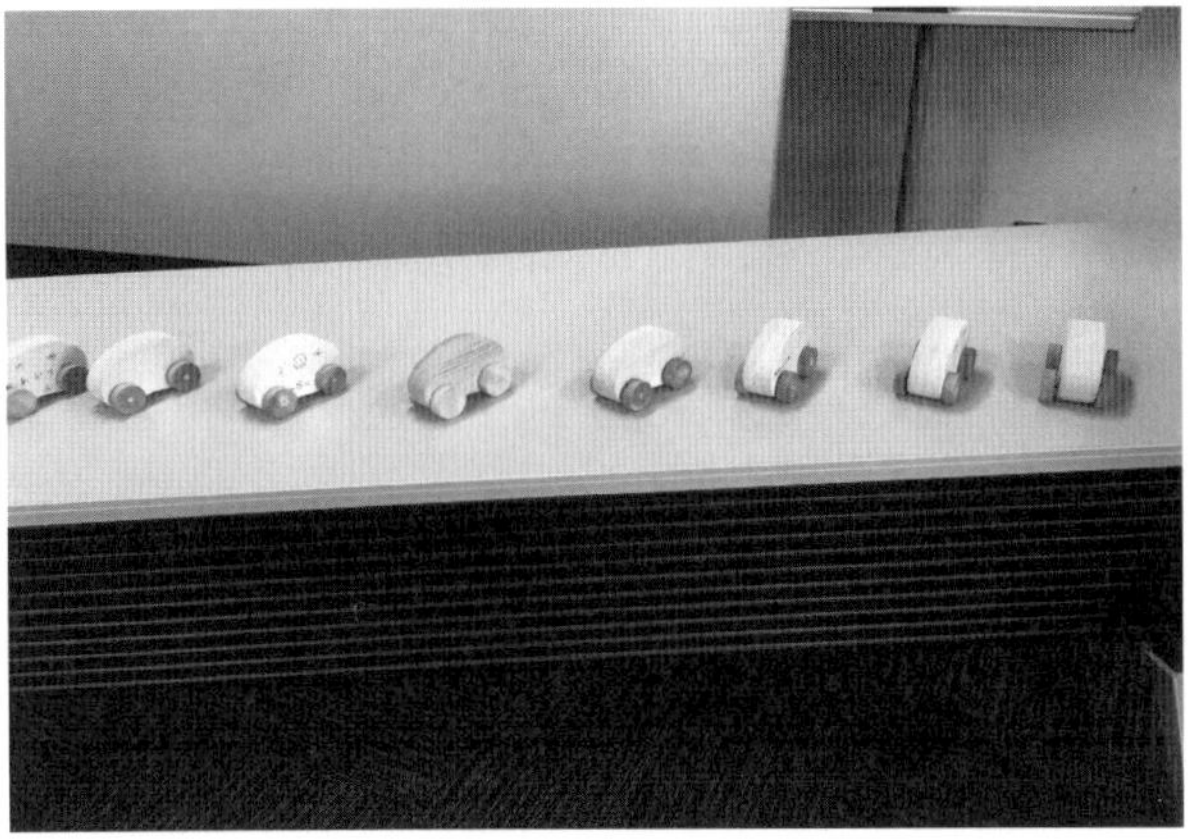

ヒノキでつくった
世界で一つの車。

ラックスするのだ。

ヒノキのようにフィトンチッドを豊富に含む樹種の香りを活用すれば、子育て中のお母さんにホッとしてもらえる。それと同時に、自然の木材の感触を赤ちゃんにも楽しんでもらえる。この「木育《もくいく》」のコンセプトを聞いた時、これは良いぞ、と思って、さっそく「木育インストラクター」の資格を取得した。青梅市では、林業家の方と僕が最初に取得した。

戦後の造林で大量にスギやヒノキが植えられた日本の森は、その多くが手入れを必要とする人工林である。にもかかわらず、国産材の需要が落ち込んだために放置されて、密集した木々は細り、土壌はやせ、土砂崩れなどのリスクが増している。

こういう深刻な背景もあって、林野庁は十五年ほど前から、国産材の利用拡大をめざす「木づかい運動」の旗を振っている。人工林を健全に保つには、適度に人が手を加えて、やぶ化した森のツタや下草を払い、皆伐や間伐によって森に光を入れ、新たな生命が芽吹きやすいように整備する必要がある。この手入れの過程で、スギやヒノキが次々と切られるわけだ。そこから香るヒノキチオールを有効活用しない手はない。

親子で木に癒やされる時間を。

青梅市に僕が提案した木育事業では、「わが子に初めて触れさせるおもちゃ」ということで、親御さんがヒノキ材で木の車をつくって、世界で一つの作品に、お子さんの名前を入れる。この企画は青梅市長も気に入ってくださり、応募の多い人気講座となって、三年ほど続いている。会場には、可愛い赤ちゃんがたくさん来る。これから生まれるわが子のために、と参加する妊婦さんもいる。

慣れない子育てのストレスや授乳による寝不足で、ちょっとイライラしてしまいがちなお母さんがヒノキの香りでリラックスすると、子どもも落ち着く。僕が森でガイドをしていても、自然の中で怒っている人はいない。親がニコニコしていると、子どもも機嫌が良くなる。親子で森を感じる時間は大切だ。その効果を、森から切り出された木材でも感じられるというのは、ありがたい恵みだと思う。何にでも手を伸ばしたがる月齢の赤ちゃんのそばには、ぬくもりある手触りの、揮発性のアロマが残っている無垢《むく》の木のおもちゃを置いてあげてほしい。

子ども向け出前授業

もう少し大きくなった子どもたちには、年齢に応じた体験を通して自然を感じてもらっている。東京都新宿区では、六校の区立小学校の二〜六年生の総合学習の時間にお邪魔して、学年ごとに年一回のペースで、僕が出前授業をしている。時には教室を飛び出して、公園や田んぼにも出かける。

小学生と野鳥観察。

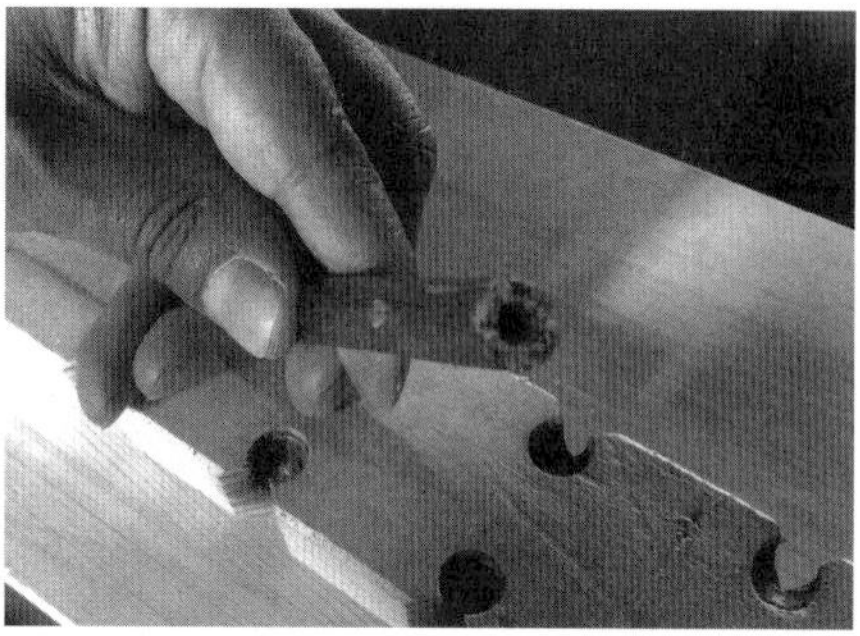
ウツギの茎は空洞になっている。

児童数は一学年六十人程度だ。二〇一五年度に始めたので、高学年の子たちとは何回も会っている。新宿では、ＮＰＯ新宿環境活動ネットが「まちの先生」を小中学生と引き合わせる活動をしている。僕も、多摩在住で東京都内ということで、まちの先生の一人になったわけだ。

新宿のような都会に住んでいても、子どもたちの感性はみずみずしい。魚釣りや火の重要性について語ってから、僕が釣って干物にしたニジマスを、校庭の七輪で炭火焼きにしたら、大喜びだった。いい匂いがするから他学年も校庭に出てきてしまった。炭に火をつけたり、焼けた干物をちょっとずつ食べたり、学びの中に体験を入れていく。

江戸の生き方という話をして、火打石などで火おこし体験をやることもある。多摩

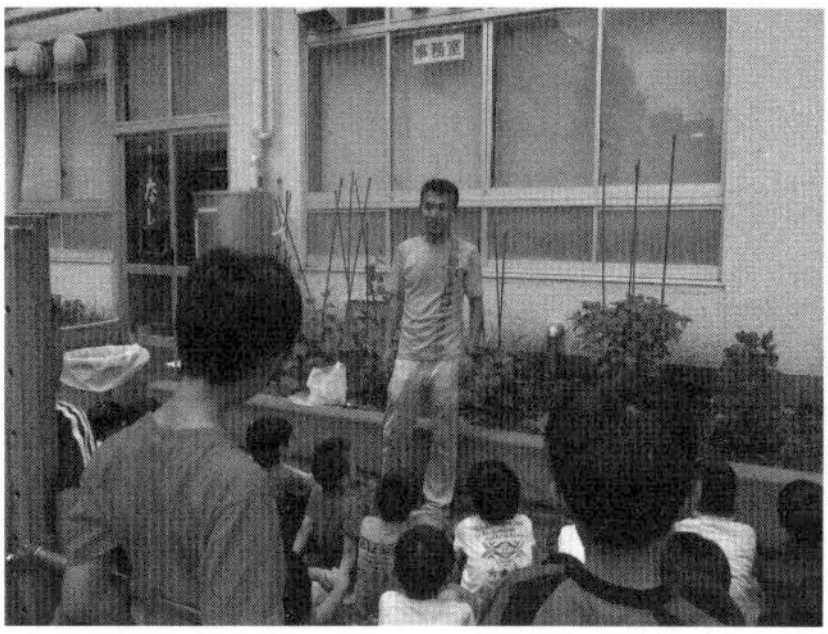
新宿の小学校でトマトを育てている。

七輪体験。

三川公園サニースクール。

には白い花の咲くウツギという植物が生えているが、この枝は空洞で、昔から火おこしに使われていた。このウツギを小学校に持って行って、火おこしに使うこともある。四十五分授業の三十分ぐらいを使って、代表の子に頑張ってもらう。板の穴に立てて回転を繰り返すと、枝の空洞のおかげで、木くずが中心点にどんどん入っていく。さらに、穴からは絶えず新鮮な空気が送り込まれていく。だから普通の木よりは火がつきやすい。火おこし一つに、理科のいろいろな単元が関わっていて、体験がそのまま生きた学習になっていく。

味噌づくりも豆腐づくりも、塩の歴史まで含めたら、家庭科から理科・社会科まで、いろいろな学習要素が入っている。一見、遊びのようでも、すべてが教室での学習に直結しているのだ。

神奈川県立相模三川《さんせん》公園では、「三川公園サニースクール」という年間プログラムを二〇一五年から監修している。小学校低学年の親子対象の五感体験プログラムで、季節ごとに小学生たちと、いろいろな自然遊びをしてきた。まず三十分ほどレクチャーをして、質問コーナーを設けて子どもたちと対話する。それから一時間半ほど体験を楽しむ。芝生に寝転がってみたり、焼き芋をしたり、バードコールという道具を手づくりして鳥を呼んだり。時にはナイトツアーと銘打って、夜に昆虫探しに出かけることもある。笹などを束ねてつくった仕掛けを川に沈めて翌週に引き上げる「柴漬け漁」も、子どもたちに仕掛けづくりから体験してもらった。

テレビ制作協力

前述のとおり、長年、ＮＨＫの自然番組などの制作サポートを続けている。最近、取材協力という形で手伝っているＢＳの「ニッポン印象派」という番組などは、４Ｋ撮影で非常に映像が美しく、撮影技術の向上に驚いてしまう。僕は、もっぱら野生児として、鳴き声で鳥をおびき寄せたり、多摩川界隈の生き物や自然についてアドバイスしたりする役割だ。

民放のバラエティー番組では、自分が出演して料理を実演することもある。アイドルが古民家で自然を体験する番組では、講師役として障子張りや山菜料理を教えた。調理師やテーブルコーディネーターの資格を持っているため、普段は裏方で料理を監修する。野菜を色よく仕上げるコツを伝授したり、盛りつけや皿の配置を決めたりと忙しい。事前にデモンストレーションして何分でロケが終わるか計算して、タレントの調理のセッティングや指導をすることもある。ナマズバーガーなど斬新なメニュー企画が、そのまま採用されて放映されることも多く、やりがいがある。

二〇一六年から、番組や講演、環境教育イベントに出演する時は、いつも森の演出家のユニフォームとして、決まったブランドの服を着ている。提供してくださっているのは、「ザ！鉄腕！ＤＡＳＨ!!」のスポンサーでもある釣具ブランドのダイワ（東京都東久留米市のグローブライ

幸せな２人を囲んでキャンプファイヤー。

森の草花でウェディング会場を飾る。

ド株式会社）だ。衣装も釣り竿もお世話になっている。テレビ番組に映り込むアウトドア用品は、ユニフレーム（新潟県燕市の株式会社新越ワークス）のご提供だ。僕が「是非！」と提携を交渉したところ、高額なグッズ一式をお貸しくださることになった。プロの森の演出家として番組やイベントを本気でプロデュースしているからこそ、プラスにして恩返しすることを約束できる。

挙式プロデュース

イベントプロデュースで最近、もっとも需要が大きいのは、じつは、アウトドア・ウエディングである。森の演出家が、森のふもとの開けた草原などをパーティー会場に仕立てて、豊かな自然環境の中に大勢のゲストを迎える準備をする。開催当日も、シェフ兼プロデューサーとして裏方を務める。これまでに奥多摩町やその他の会場で十組以上のカップルを祝福してきたが、感動的な場面についつい涙腺が緩み、仕事にならなくて困る。それぐらい、素敵なウエディングが多い。

ある時は、海外に特別に発注した巨大な鉄鍋で、一四〇人前のパエリアをつくった。会場の装飾には、台風のあとに多摩川で集めておいた流木や、野生の可憐な草花をたっぷり活用した。僕は和食の調理を仕事としていた時期に、侘《わ》び寂《さ》びを学ぶため、陶器や漆器や磁器などに花を盛る和のフラワーコーディ

流木アート。

ネートや、裏千家の茶道を習っていた。その経験が、まさかウェディングで役立つとは思わなかった。何より力になったのは、小さい頃から見てきた自然界の岩や草花の絶妙なバランスだ。野草はもともと美しいから、そのみずみずしい活力を借りるようにして配置する。持参した自前の盆栽や、僕が手編みした藤づるのかごも、アクセントとして加える。

夜の演出の目玉は、キャンプファイヤーだ。終了後の掃除が楽だと助かる、という要望を受け、数段の木組の下の段から燃え尽きて、一段ごとに順番に落ちていき、最後に火が消えたらほとんど何も残らないように設計した。前もって時間ごとの風の動きを読んでリハーサルを繰り返し、ゲストの立ち位置などにも配慮して、火をプロデュースした。

毎回、心を込めて演出していたら、ウェディング業界のプロたちにも喜んでいただけて、受注が相次ぐようになった。課題は、せっかくオファーをいただいても僕が行けない場合は断らざるを得ないことだ。早く後進を育てないといけない。

鳥になる

時には僕が「鳥」として呼ばれることもある。プロピアニストの小松真理さんにお声がけいただき、鳥のさえずり役として、クラシック・コ

音楽家たちの花園で僕は鳥になる。

ンサートにゲスト出演したのが最初だった。

口笛も、歯笛《はぶえ》のさえずりも、手ぶらで吹ける。とくに、親父から受け継いだ「すきっ歯」を活用した土屋家伝承の鳴き方は、歯の隙間から音を出すから、口をとがらせる必要すらない。そこで僕は、あえて観客に種明かしせずに立ったほうがいいと提案した。楽譜が読めない僕が把握できたのは、リズムに則って鳴くという大枠の流れのみ。事前に音源はいただいて聞いていたから、その曲調の記憶をたどりながら、さえずることにした。

こうして僕は、何者かも告げられず舞台に上がった。はじめのうち、場違いな格好で立ち尽くす男に、観客は怪訝《けげん》な様子だった。しかも僕はマイク一つで、スポットライトを浴びている。「あの人、何かしら?」という視線に耐えながら、音楽がスタート。ひたすら美しい生演奏の調べに乗って、僕は気持ちよくさえずり始めた。音楽がとくに得意なわけでもないし、歌が上手なわけでもない。あるのは、森での経験値だけだ。小鳥たちと重ねてきた会話を思い出しながら、旋律に身を任せ、鳥の気持ちになった。僕の口からウグイスやメジロ、シジュウカラなどの鳴き声が出ていることに気がついた観客は、驚きの表情を見せてくれた。

このパフォーマンスは、小松さん率いる音楽家グループ「アンサンブル・アンクラージェ」が開催している「クラシカルムービーコンサート」の新コンテンツ「音浴サプリ」となり、その後も何度か僕が「鳥パート」を引き受けることになった。共演した活動写真弁士の佐々木亜希子さんからも、「美しい自然の映像と環境音、そこにクラシックの生演奏と、土屋さんの本物と聞き分けられない鳥の声が入り、会場がとても心地よい世界になっていました。音を浴び、音に浴し、まるで大自然に包まれているような、そこで音楽を奏でてもらっているような素敵な感覚でした」という感想をいただき、とても嬉しかった。都会のホールの中で、束の間でも、森の中にいる気分を味わってもらえたなら、森の演出家冥利に尽きる。

プロの釣り師

僕は釣りが好きで、漁協から遊漁券を毎年買って、地元の川で楽しんでいる。手で釣り上げて活け締めしたヤマメはうまいと評判だ。

渓流魚には、放流されたものと天然のものがいて、しっぽを見れば区別がつく。「ぴんしゃん」と呼ばれるきれいな個体は、卵からかえった天然、あるいは稚魚放流の個体だ。ぴんしゃんは高価で、風味もひとあじ違う。そんなわけで、たまには放流河川ではない源流域まで天然ものを釣りに行く。

アユが解禁になる六月からは、生きたアユをおとりにするアユの友釣りもする。釣り好きが

マスターズ優勝者などレジェンド釣り師たちと。

高じて、仕掛けのつくり方や釣りのコツなどをプロとして人様に教えることもある。

また、これは森の演出家とは別枠の僕個人の仕事になるが、ダイワの協賛を得て「ダイワ鮎マスターズ」というフィッシングのトーナメントに出たこともある。東京は激戦区だからツワモノが集まる。三時間で多く釣れた人が勝ちだ。関東大会、全国大会と進んで優勝者が決まる。釣りもハマると深くて、釣り上げる平均時速まで測るような特殊な世界である。緊張して本番に限って手が震えがちで成績は芳しくない僕だが、生粋の釣り好きとして、一流釣り師と会える大会はとても楽しい。

「五感メソッド」とは

「五感メソッド」誕生

森林ガイドは、森の演出家のコアとなる活動だ。森の中には心地よいもの、愛おしいものが、無数に散りばめられている。風の音や川のせせらぎ、土のにおいや虫の気配、視点を変えてみると初めて見えてくる世界。通り過ぎてしまいそうな所でも、足を止

子どもの視点は大人と違う。

めて感覚を研ぎ澄ませると、キャッチできるものが増えていく。森の中にゲストを案内して数十分ほど経つと、森のリラックス効果もあって、自然からの小さなささやきがゲストの心身に届き、それぞれの表情が輝き始める。僕はそれを感じる瞬間が、とても好きだ。

二〇〇九年から十年間、僕は、森林セラピーガイドやネイチャーガイド、そして森の演出家として、さまざまな人々を自然の中にお連れして、積極的に五感を使うガイドを実践してきた。そして、リピーターになってくださった方々や、自然関係のエキスパートたちとの対話を重ねたことで、自分なりのガイド手法を確立しつつある。

野山や川で遊びながら育った僕は、成長につれて、虫の目線、コケの目線、魚の目線など、いろいろな高さから自然を見てきた。掘ってみたり、裏返してみたり、子どもの感性で楽しみながら、葉っぱや小さな虫の戦略に気づいて感心したり、岩や樹木や生き物を触った感触に驚いたりしてきた。そういう経験すべてをガイドの中に投入している。

自然体験の場では、初対面の人たちと素早くなじむためにも、短いニックネームで呼び合うことがある。僕はそんな時にいつも、名字の土屋から「ツッチー」と呼んでもらっている。昔ガイドした小学生がすっかり低い声の大人になって電話をくれることがあるが、その第一声も「ツッチーさん、元気?」という調子だ。そんなわけで、僕が確立しつつあるガイド手法を「ツッチーの五感メソッド」と名づけてくれた人がいる。

「五感」は重要だ。多くの人がそう指摘している。僕は、内閣シティマネージャーの木村俊昭先生（東京農業大学教授・経営学博士）と講演やイベントなど活動の場でご一緒させていただく機会がある。北海道小樽市の職員時代に地域活性化に尽力され、その後は内閣官房・内閣府や農林水産省などで地域ビジネスの創出や人財養成、六次産業化の専門家として活躍された木村先生は、「五感」に知育・食育・木育・森育・遊育・健育の六育を加えた「五感六育®」の提唱者である。

森の中で過ごすことで自律神経が整うことは、医学的にも明らかになっている。そして、科学的根拠に裏づけられた「森林セラピー」によって国民の健康を維持しようという運動は、二〇〇四年頃から全国に広がっている。僕も、研修や勉強会での学びを経て二〇〇九年に奥多摩町で最初の森林セラピーガイドに認定された。そして、改善を重ねつつガイドを続けるうちに、さまざまな場での自然体験が地域活性化事業などに発展していった。二〇一二年頃から森の演出家として活動を始め、森林歩きにとどまらない多彩な体験の機会を提供して、さまざまな角度からゲストの五感にはたらきかけてきた。

ゲストの五感を刺激することは、森林セラピーガイドに欠かせない一般的な技術だ。では、

森林ガイドには大人から子どもまで参加してくれる。

どのあたりに僕の独自性があるのかというと、やはり「野生児」がキーワードになる。実際に山や野や川で育ちながら培った経験と、親をはじめ多くの野生児的先輩たちから対面で学んできた知識、自然界や生き物の危険性との向き合い方、そして、捕まえたり飼ったり繁殖させたり食べたりして常に生き物と接している日々の学びの蓄積、さらに、調理師として体得した自然の恵みの活かし方……これらのノウハウが、僕の「五感メソッド」の根幹にある。

森の演出家として重視しているのは、なんといっても体験や体感だ。火おこしでも何でも、いくら頭の中でイメージできていても、実体験がないと、いざという時に体が動かない。逆上がりや自転車の運転と一緒だ。実際に体を動かして練習して失敗を繰り返すうちに、ふとコツをつかんで、できる瞬間が訪れる。しかも体で一度覚えると、滅多なことでは忘れない。自然体験も一緒だと思う。実際に体を動かし、五感を働かせる。それによって心も動く。心身に不可逆的な変化が起きるわけだ。一度やってみれば、間違いなく、その体験がないと見えてこない世界が広がる。

獲物を得る、素材を採集する、水をくむ、火をおこす、刃物を研いで上手に使う、肉や魚をさばく、調理・調味をする、配膳する、よく噛んで食べる、片づける。こういう食事の一連の活動も、普段は一部を機械や人に任せてやらずに済んでしまっているだろう。別にできなくても当面は暮らせるかもしれない。でも、生きるための基本中の基本のスキルなので、本当は一つでも多くの工程を自分でできたほうが、いざという時に安心ではないだろうか。

草の種類も手触りも、その薬効も味も、知らないよりは知っていたほうがいい。たとえば釣りだって、魚の習性を知り、餌を知り、糸を引く魚のパワーを体感して、釣れた魚の命をいただくところまでやってみれば、釣り未体験の自分とは違う自分になる。いくらテレビで釣り番組を見ても体得はできないのだ。

五感は僕らの体に備わっているものだが、使わないと鈍っていく。意識的に使うことで、少しずつ眠っていた感覚が呼び覚まされ、感じられなかったものが感じられるようになる。森の中にいても、受け身だと聞き流してしまう音が、積極的に聞こうとすることで、急に聞こえてきたりする。僕が子どもたちとの活動で「五感メソッド」を駆使するのは、そういう感覚を幼い頃からフルに活用してほしいからだ。感覚が磨かれたからといって、テストの点数が上がったり、誰かにほめられたりするわけではない。でもこれからの人生を豊かに生きるためには、きっと役立つ。実体験を伴う感動には、人を前向きに変えていくパワーがあるのだ。

五感メソッドによる森林ガイド実録～春の場合～

森の演出家の森林ガイドは、「五感メソッド」を使ってゲストの五感に心地よい刺激を届けながら、癒やしの時間をめざす。特別なことをするわけではないけれど、ところどころに野生児的エッセンスが散りばめられていると思う。自然の中で出合う色や形や香りや音に注意を向けて、ゲストが自分の五感を確かに取り戻すお手伝いをしている。自身の身体を意識して、感覚を磨くことで、それぞれの表情が輝き出す。

ここからは、しばし想像の翼を羽ばたかせて、僕と一緒に、野生の草花が活気づく春の森を

春の森を彩る野生のヤマブキ。

お楽しみいただきたい〈文末の〈 〉はおもに反応する感覚〉。

開けた場所の大きな空の下で、まず体の緊張をほぐす。肩を動かしたり、深呼吸したりする。吐く息を意識して、全身を楽に。緑に囲まれ、鼻孔からは森の香り。新鮮な酸素が肺の隅々に行き渡る。深呼吸は僕が言う前から自然にやっている方もいる。森の空気のおいしさに体がきちんと反応しているのだ。一方で、日常の忙しさのあまり、深呼吸のやり方を忘れていたな、とつぶやく方もいる。〈視覚・嗅覚〉

遠くに鳥のさえずりが聞こえる。僕が鳥の鳴き声を真似して、野鳥と会話を始める。春にはシジュウカラのオスがメスを呼ぼうと一生懸命に鳴いている。そのテリトリーに僕が同種のオス鳴きをしながら入ると、ライバル出現！とばかりにシジュウカラの声が高くなる。飛んできて、徐々に近寄りつつ盛んに鳴き返す。そのうち人だと気づかれてしまうけれど、さえずっている間は近くにいてくれることが多い。だから、ゲストもじっくり野鳥

葉っぱのシール。

の可愛らしい姿を堪能できる。この季節は、春の一番子《いちばんこ》と言って、メジロの今年初めてのひなの声を聞くこともできる。親に餌をねだる時の「ぐずり」という独特の鳴き方だ。出会える鳥や聞ける声がシーズンごとに変わるから、森は何度来ても楽しい。季節が巡って毎年繰り返す営みに、僕たちは安心感を覚える。〈聴覚・視覚〉

森には大小さまざま生き物がいて、彼らの世界のスケールは、それぞれに異なる。鳥の目になったあと、小さな昆虫の目になってみる。途端に葉裏の細かな毛が歩きにくい柱のように見えてくる。アオソ（カラムシ）という植物は、葉裏をよく見ると、細かな毛に覆われている。天然の面ファスナーになって服にペタリとくっつくので楽しい。大の大人も、ひとしきり貼ったりはがしたりして遊んでしまう。〈触覚〉

植物が発するフィトンチッドは、葉や枝を食べる虫をよけたりして、植物の防御に役立っているという。一方で人間は、森に暮らしていた頃の遠い記憶がＤＮＡに刻まれているのか、フィトンチッドに、むしろ癒やされる

モミジの花。

ようにできている。森の香りに包まれながら、そんな進化の不思議や、森と人がつむいできた悠久の歴史に思いを馳《は》せてみる。〈嗅覚〉

モミジは葉が主役と思われているから、春の一時期にしか見られない小さな花は、しばしば見過ごされている。嗅いでも無臭だ。では、かれらはどんな戦略で子孫を残していくのだろうか。遠くから近くから観察しながら、モミジの気持ちになって考えてみる。〈視覚・嗅覚〉

今度は、茂みの中にツヤツヤの葉を見つけた。手に取って触ってみる。次に、目をつぶって触って、見えていた時との印象の変化を感じる。「こうだろう」と思い込んで触るのと、視覚による先入観ゼロで触るのとでは、受け取れる情報の質が異なる。なぜ植物は、葉っぱをフワフワにしたり、ツヤツヤにしたりするのだろう。虫に食われる植物の身になって、もう一度触ってみる。僕らの五感は繊細なセンサーだ。意識して使うことで敏感になっていく。〈視覚・触覚〉

立ち止まる僕らの頭上を、黒光りした鎧《よろい》のような体を

どこまでも澄み切った
多摩川の上流。

持つマルハナバチが飛んでいる。「ハチ」と聞くと反射的に逃げてしまう人が多いが、「刺さないです」と伝えると、途端に見え方が変わってくるから面白い。心の持ちようで敵が友になる。子どもたちには、僕らを先導するように近くを飛ぶマルハナバチを「森の案内人」と紹介する。丸々としたマルハナバチの姿には愛嬌があり、まったく刺さないとわかると、子どもたちからは「可愛い！」と好意的な声が上がる。〈視覚〉

河原では、日光で温まった木の幹や河原の岩に触れてもらって、日向と日陰の温度差を感じる。日向の黒っぽい岩はとくに温かい。理科の授業だけでは頭に入りづらい自然界のしくみのあれこれが、外に出て五感で感じれば、すっと理解できる。〈触覚〉

河原は天然の岩盤浴場だ。自分の体調にぴったりの好みの温度の岩の上に、座ったり寝そべったりする。姿勢を低くするだけで、見える景色も変わる。足元から立ち上る草いきれも感じて、上下から森の香りに包まれるのは心地よい。〈触覚・視覚・嗅覚〉

カタツムリが這った跡。

川の水音は、水かさが増してゴウゴウ流れる時は人間に恐怖を与えるが、四十デシベルを超えない程度のせせらぎは、癒やしにつながる。橋の上から見下ろすと、透明な多摩川の川底には魚影が揺れている。川音を聞きながら、魚たちを目で追う。僕のような釣り好きは、獲物の姿に思わず「九メートルの竿なら届くぞ」などとテンションが上がり始めてしまうけれど、多くの人は川をのぞいていると心が落ち着く。〈聴覚・視覚〉

春のヤマメは、卵からかえって育った可愛いサイズで群れている。この小さなヤマメを大きなヤマメが食べに来て、僕らはそれを釣って食べる。命はつながっている。一夜干しにすると、とてもうまい。プログラムによっては、ゲストと一緒に味わう。〈味覚〉

木の幹に美しいコケが生えている。湿度によって感触が変わり、曇った日などは触るとしっとりとして柔らかい。コケは盆栽にも使える。都会で買ったら非常に高価だ。豊かな森林の金銭的価値といった環境と経済の関係についても一緒に考えてみる。〈触覚〉

食用になるハマダイコンの花。

サワガニ。

橋の欄干をよく見ると、緻密に描かれた唐草模様のようなアート作品がある。カタツムリが表面の藻をかじって歩いた跡だ。枝の間から見つけたナナフシを欄干にそっと置けば、ゆらゆらと体を揺らして愉快なダンスを見せてくれる。じつはこれは、風に揺れる植物の動きに溶け込もうとする彼らの必死の擬態なのだ。〈視覚〉

森のそばには岩清水がわいている場所が何カ所もあり、そういう場所の石の下にはサワガニが潜んでいる。石をひっくり返してカニを探して、手の上を走らせてみる。〈触覚〉

湧き水のそばには新鮮なクレソンが生えている。癖がなくてとてもおいしい。セリもたくさんあるが、毒ゼリに注意が必要だ。全然味が違うから口に入れたらすぐわかるけれど。ワラビも、ウルイもある。春の森は食べられる植物でいっぱいだ。美しい薄紫色のハマダイコンの花は、ちゃんと大根の味がする。〈味覚〉

その他、川にはオイカワの子ども、水辺にはカゲロ

▲可憐な野の花、ニリンソウ。

▶アメンボ。

ウやアメンボ、ヤマアカガエルのオタマジャクシもいる。斜面にはニリンソウやキノコ、天ぷらがおいしいユキノシタ、薬効のあるドクダミやナンテン、香りの良いアブラチャンやクロモジも生えている。見上げる木の葉にはオトシブミという虫がこしらえた小さな巻紙のようなものがぶら下がっている。

短いガイドでも約二時間は歩く。硬い表情だった人も終わる頃にはみんな笑顔でリラックスしている。紹介できる動植物や投げかける言葉の多さは問題ではない。むしろ僕は少し控えて、全員の調子を整えていく役目だ。お疲れの方には休憩時間をたくさん入れるし、アクティブに動き回りたい人が多いグループなら、移動距離を増やしたり、山に登ったりもする。ゲストが癒やされて、来た時よりも心身がイキイキとする状態がゴールなので、様子を見ながら心地よいペースを心がける。

多摩で迎えるゲストの多くは都内の方だが、北海道など遠方から来てくださる方もある。都心の出前授業で接した子どもたちや、団体のプログラムでご一緒した方々

御嶽駅から歩いてすぐ、この風景が広がる。

が、個人的に多摩まで来てくれることもある。リピーターになって友達を誘って訪れては良い休日を過ごして帰って行く方たちの姿にも嬉しくなる。きっと、五感を働かせて森で過ごした時間の心地よさを体が覚えているから、また戻ってきてくれるのだろう。そうやって繰り返し会って互いに顔を覚えることで、森側で受け入れる僕らも、くつろぎの「関係地」を手に入れたゲストの方たちも、みんなの心身が元気になっていく。

「森」はどこにでもある

ここまで「森」とずっと言ってきたが、すでに体験してくださった方はご存知のとおり、おもに僕が多摩で案内しているコースは、山と川の間に造られた遊歩道で、森というよりも里山の川に沿った緑地である。舗装されているから車椅子の方でも大丈夫だ。スーツ姿でも構わないし、極端な話、キャリーケースを転がしながらでも参加できる。トイレも整備されている。

心身を緩めることが目的だから、わざわざ険しい森に分け入る必要はないのだ。僕の五感メソッドの森林ガイドでは、木々に囲まれながら、気軽な散策で体を休めていただく。基本的には、距離もそんなに歩かない。雨の日には屋根つきの場所でヨガをすることもある。晴れの日には見られない動植物の様子を紹介できるから、雨は雨で楽しい。至るところにダイヤモンドのようなしずくが光り、コケ

▲新宿で自然を演出。

▶コケもよく見れば小さな森のようだ。

がのびのびと広がり、空気が澄み渡る雨上がりの散歩は、これもまた最高だ。

人工的な歩道で自然体験？と思われるかもしれないが、小さな生き物の目になると、ほんの数歩の距離の中に、ものすごい情報量が含まれていることに気がつく。見つけられる動植物を片っ端から紹介していたら、きっと、ほとんど歩かないまま三十分でも四十分でも話していられるだろう。

「いつか森に行くぞ！」と気構えてしまうと、結局、行かずに終わってしまうかもしれない。森林ガイドのコースは山登りコースとはまったく違うから、もっと気楽に参加してほしい。たくさん歩くことよりも、視点の変化を楽しむことを目的に遊びに来ていただきたい。

自然界は人間だけの世界ではないから、鳥目線や虫目線、魚目線の景色がある。大木目線だって、コケ目線だってあるだろう。その楽しみ方さえ習得してしまえば、「森」はどこにでも生まれる。住んでいる地域や、身近な庭にだって、きっと「森」はある。

サンマリノでご一緒したある方からの依頼で、新宿のビル内の一角に、森の演出家として、ミニチュアの森を再現したことがある。「都会に自然を持ってきてください」というオーダーだった。これまでの五感メソッドで体得してきたものを思い起こしながら、木々に見立てた野草を寄せ植えして、手づくりの水辺にはメダカを泳がせた。それを見た方が、草の香りをかいだり、葉っぱを触ったり、魚の動きを目で追ったりすれば、それだけでも五感が働く。ほんの数分でも心地よい息抜きができたら仕事の効率も上がるのではないだろうか。

都会育ちの子どもたちと森

子どもの五感を育む

これまでの五感メソッドの実践で、多くのゲストのささやかだけれど大切な変化を僕は目撃してきた。ここから、子どもと大人に分けて印象的だったエピソードや思うことを語りたい。

森を歩いていて、キンモクセイの花の香りがすれば、少し離れていても気づくほど強い香りだから誰も手は動かさない。でも、かすかなフジの花の香りがする時は、みんな手で扇いで香りを集めて積極的に感じようとする。小さな子どもでもやるから、本能的な動作と言えるだろう。大人も子どもも同じヒトだから、自然への反応に大差はない。

では何が違うかと言うと、子どもたちは、まだ知らないことが多いからこそ、一回の体験でも大きな変化や成長を見せる場合がある。反応がストレートで頭が柔らかいから、子どもや若

子どもたちは好奇心旺盛だ。森の中のいろんなものに関心を持つ。
写真：野口直子

い世代を自然と結びつける仕事の意義は大きいと感じる。そのことに共感してくれる保護者や教育者も多く、森の演出家協会と教育のコラボが各地で誕生している。

子どもたちは周囲と打ち解けるのも早く、遊びの天才だ。しかし、生まれた頃からスマホやゲームの視覚刺激にさらされている今の子どもの生活に、自然遊びが入る余地は年々なくなってきている。いろいろな動植物を見て、現物を手に取って、触ったり嗅いだり、食べてみたりしてほしいのだが、そういうリアルな体験の機会が減ってしまっている。

そのせいか、最近ときどき、バーチャルで先に知っていて、言葉で全部を片づけてしまいそうになる子がいる。でも、その「知っている」は錯覚だから、本物を前にすると、すぐに違いに気づき、面白さに目覚める。たとえば、小さな昆虫一匹でも、実物を観察する前には思いもしなかったような速さで動く場合がある。手に乗せるとくすぐったい。名前や平面的な画像だけでは知り得なかった手触り、重さ、におい、行動など、その虫の本当の存在感が、子どもたちの五感でキャッチされて、記憶に残っていく。そこから、食べている餌や変わった生態などについて僕が語ると、ちゃんと聞こうとする。

多摩川が増水した時に水たまりができる場所が河原にはある。そこに春になるとニホンイモリがやってきて卵を生む。毎年のことだから、下見をしなくても、た

郵便はがき

料金受取人払郵便

京都中央局
承　認
1429

差出有効期限
2021年
9月30日
（切手不要）

600-8790

105

京都市下京区仏光寺通柳馬場西入ル

化学同人
「愛読者カード」係 行

お名前　　　　生年（　　　　年）

送付先ご住所　〒□□□-□□□□

勤務先または学校名
および所属・専門

E-メールアドレス

ご職業（○で囲んでください）	ご専攻
会社役員 会 社 員（研究職・技術職・事務職・営業職・販売／サービス） 学校教員（大学・高校・高専・中学校・小学校・専門学校） 学　　生（大学院生・大学生・高校生・高専生・専門学校生） そ の 他（　　　　）	有機化学・物理化学・分析化学 無機化学・高分子化学 工業化学・生物科学・生活科学 栄養学 その他（　　　　）

▒ 愛読者カード ▒

ご購入有難うございます。本書ならびに小社への忌憚のないご意見·ご希望をお寄せ下さい。

購入書籍

★ 本書の購入の動機は ……………………… ※該当箇所に☑をつけてください

□ 店頭で見て（書店名　　　　　　　　　　　）

□ 広告を見て（紙誌名　　　　　　　　　　　）

□ 人に薦められて　□ 書評を見て（紙誌名　　　　　　　　　　　）

□ DMや新刊案内を見て　□ その他（　　　　　　　　　　　）

★ 月刊『化学』について ……………………

（□ 毎号·□ 時々）購読している　□ 名前は知っている　□ 全然知らない

· メールでの新刊案内を　□ 希望する　□ 希望しない

· 図書目録の送付を　□ 希望する　□ 希望しない

本書に関するご意見·ご感想

今後の企画などへのご意見·ご希望

● 個人情報の利用目的

ご登録いただいた個人情報は、次のような目的で利用いたします。

· ご注文いただいた商品やサービス、情報などの提供。

· お客様への事務連絡、新刊案内などの各種案内、弊社及びお客様に有益と思われる企業・団体からの情報提供。

ニホントカゲ。リアルな自然体験では、さまざまな生き物に出会える。

ぶんいるとわかっている。子どもたちを連れて行って、一緒にのぞきこむ。結構広くて深い水たまりなので、最初は何も見えない。イモリの姿がちらりと見えても、手や網を突っ込んで追いかけ回すと隠れて出てこなくなってしまう。

でも、両生類のイモリは、魚と違ってずっと水中にいることができない。だから、何もせず「待っていよう」と声をかけて、子どもたちと話しながら見ていると、だいたい五分もしないうちに、息こらえが続かなくなったイモリが上がってくる。そこを網でひとすくい。簡単に捕れる。

それがわかると子どもたちは身を乗り出して夢中でイモリの姿を探し始める。見えなかったイモリの姿が見えてくる。たいていの生き物たちは、普段は忍者のように自然の中に溶け込んでいる。だから、生き物たちの姿は、僕らの「見よう」とする積極的な意志と行動があって初めて見えてくるものなのだ。

最近の子どもたちは昔とどう変わったか、と聞かれることがあるが、この十年ぐらいではとくに変わったとは思わない。今も昔も子どもは可愛い。でも大人の安全志向の高

自然の中で遊べば、大人も子どもも笑顔になる。

まりや熱中症の増加など環境の変化を背景に、素朴な自然遊びの優先順位が低くなっているのは確かだと思う。室内でバーチャルな遊びをしていても五感はフル活用できないし、体力もつかない。そうなると、ますます子どもたちは野山や川から遠ざかっていく。

僕が会う子どもたちは、どんどん自然が好きになって、積極的に遊びに来るようになっている。東京最後の野生児は、そんな現代っ子を自然の中へ連れ出す責任を感じている。

いきなりハードルの高い自然体験に参加する必要はない。先日は、「土に触ったことのある子どもが少ない」という保育園の先生からの相談を受けて、園児たちと土を使った寄せ植え式フラワーアレンジメントを楽しんだ。テーマパークの依頼で、自然ガイドや自然系イベントの監修をすることもある。子どもやファミリー層を時には自然界から引きはがしてしまうほど強力な魅力を持つテーマパークという場が、リアルな自然遊びに着目しつつあるのは、とても良い傾向だと思う。自然の中で五感を使う体験・体感のチャンスを、純真な子どもである間に、どのくらいの密度で与えてあげられるか。これは、やはり大人側の課題だと思う。

【実例1】不良青年、釣りにハマる

多摩川のあたりには、愉快な釣り仲間がいっぱいいる。会えば挨拶代わりに、どこに今どんな魚がいるといった情報交換をする。いつの間に見られていたのか、唐突に「でかいの釣りましたねー」と声をかけられたりもする。

そんな釣り仲間の一人に、大会に出るほどの腕前の青年がいる。たくさんヤマメを釣ってきてくれるから、彼の釣果を冷凍して古民家のゲストに振る舞うことも多い。二十代半ばの彼は、数年前までは警官にも殴りかかるほどのワルで、暴れて親も手をつけられない状態だった。お母さんが彼を僕に引き合わせた時には、野生児の力で更生させてくれたら、という淡い期待があったらしい。不良が多い高校のラガーマンだった僕は、この手の男には慣れている。でも、後輩なのに受け答えが全然なっていないのは許しがたく、ある時、思わずタックルしてしまっ

（上）子どもの外遊びにとても協力的な地元のお母さんグループ。（中）多摩の次世代の野生児たち。（下）桑の実をつまんでいる子どもたち。

た。普通に殴り合ったら負けそうな相手だが、気迫のせいか、見事に効いた。人間は、ふとした瞬間で、関係が決定づけられることがある。その日を境に、彼の態度はガラリと変わった。それから何度も一緒に釣りをした。夢中になれるものがなかった不良青年が、今では立派な釣りマニアである。「そろそろ魚じゃなくて彼女を……」と、お母さんがボヤくほど釣りに夢中だ。

【実例2】自閉気味の子、学者になる

昔、キャンプで一緒に過ごした子どもたちの中に、魚のことをたくさん話せる子がいた。「すごいね、くわしいね」と声をかけた。彼は帰るとすぐに、図鑑を買ってほしいと親に頼んだそうだ。親御さんは、「ツッチーさんの影響で急に本を見始めて、なんだかイキイキしています」と喜んでくれた。やや自閉気味と聞いていた子だった。その後、その子の興味は、一種類の魚から魚全般、そして虫へと広がり、次に会いに来てくれた時には、ほとんど図鑑の内容を暗記していた。一点集中型でのめり込む実力は素晴らしく、やがて、あらゆる生き物について学者のようにくわしくなった。大きくなると農業大学に入り、進学を僕に手紙で知らせてくれた。

当時の子どもたちが大人になって、時々、各所のツアーに参加してくれる。「ツッチー久しぶり」と言う顔を見ると、喋り方も雰囲気も、小さい頃と変わらない。でも話してみると、自然のことについて僕よりマニアックになっている子が何人もいる。「なんだ、お前、俺より立派になっちゃって」とからかいながら、内心とても嬉しい。

僕は大学を出ていないが、小さい頃に思い切り自然の中で遊んで体で覚えたことを活用して、今こうして仕事ができている。子どもたちが普段接する学校の先生たちとは一味違う大人だけれど、こんな人生があるということも知ってほしい。

自分で体験・体感して、心の底からワクワク、ドキドキすることが何より大事、と伝え続けていたら、一緒に森を歩いた子どもたちが、その限られた時間の経験を、何年経っても覚えてくれている。つまずいて、苦しんで、またつまずいて生きてきた僕が、森の力を媒介する活動を通して、子どもたちの目覚ましい変化や成長を見せてもらっている。世の中、捨てたもんじゃないなと思う。

保護者の反応

ある時、小学生たちと稲刈り体験をしたあと、イナゴを捕まえて佃煮にした。「害虫と呼ばれるイナゴも、このおいしいコメの葉っぱを食べているから栄養満点だ。これを食べることは、食生活としてはいいんだよ」と教えた。子どもは好奇心旺盛だから、僕がむしゃむしゃうまそうに食べていると、ちらほら手を伸ばす子が出始める。その数名の勇者が「おいしい！」と声を上げればしめたもの。つられてみんな、食べ始める。

都会育ちの子どもは、虫に限らず生き物全般に触《さわ》れないことが多いが、これも一人がチャレンジして、「可愛い！」と言えば、みんなが同じように言い出す。警戒心が強いのは、子どもよりも、むしろお母さんたちである場合が多い。

イナゴの佃煮は、昔から食べている人がいる郷土食だが、一年目には親御さんから苦情が出た。学校の先生でもイナゴは駄目という人がいた。でも食育だから、続けさせてもらった。虫というだけで怖いと認識して、大人がそう教えれば、子どもも怖がる。しかし先入観を捨てて、よく観察してみたら、イナゴという生き物は、とても可愛い。見せ方ひとつだと思う。毒があるわけでもない。じっくり見る手法で、子どもたちは、イナゴを可愛がるようになる。それまで、そういう体験をしていなかっただけだ。価値観を動かし、自然との距離を縮めるために活動しているのだから、クレームひとつで諦めるわけにはいかないのだ。

雑草という名の草はないと話して、食べられる野草を紹介する講座を都会でやったことがある。草の形状や味には意味があって、触ったり味わったりすることで、棘《とげ》や苦味で虫から身を守っていることが体感できる。ところが保護者の抵抗があって、子どもたちに食べさせることはできなかった。一度だけ火にかけて食べてもらったが、それ以上は無理だった。悲しいことだけれど、自分たちの住んでいる環境を信用できない大人が多いのだ。そういう環境にしてしまったのも歴代の大人たちであって、子どもたちに罪はない。

もう一つ、あえて保護者に関する懸念事項を挙げれば、僕には、親子のフラット過ぎる関係が少々気になっている。僕の案内する森林ガイドの舞台は、森でも山でもなく、ただ癒やされるのを目的としたコースが多い。事前に必ず実地調査をして確認もしているから、基本的には安全である。しかし、思わぬ行動に出るのが子どもというものだ。走ってコースの外に出てしまったりすれば、当然ながら危険が及ぶ。自然体験は、大人の言うことを聞かないと、命にか

子どもを連れて森の中を歩く。時には厳しさも必要だ。

かわる。だから僕は本気で怒る。言うことを聞かない子は連れて行かない。

ところが今は、学校関係の教育者も怒ってはいけない時代だ。教育者が怒らないで、ではいったい、誰が怒るのだろうか。親だって怒らない。親がいなくて先生に全部を任せている時間も多いのに、親にも怒られたことがない子どもたちは、先生が少し怒っただけで親にチクる。全国で先生が足りない、足りないと叫ばれているけれど、無理もないだろう。これほどの重荷を負わせていたら、やる人が減るのは当然と思える。

先生についての価値観もおかしくなっている。昔は先生と言えば尊敬の対象で、恐れられてもいた。間違っても、ちゃんづけで呼ばれるような軽い存在ではなかった。ところが今は、世代的に、上下関係がない環境で育った保護者が増えてきて、家庭で先生を「〇〇ちゃん」呼ばわりしてしまう。これでは、教育者として保つべき大人の威厳も消し飛ぶというものだ。スポーツをやっていた人は、比較的上下関係を理解しているけれど、そういう教育を受け入れる基盤がない人が増えて、いろいろな序列が崩れつつある。けれども、危険を伴う場面では、子どもの命のために、大人たちがけじめを教えなければいけない。

大人に一度も怒られたことがないのか、平気で年長者を馬鹿にする子どもが時々いるけれど、そういう子は大人の怖さを知らないから、往々にして自然の怖さも知らない。そのまま大きくなったら、いざという時に自分を守ることができない。それは非常に危うい育ち方だと僕は思う。

アレルギーと森林

日本の山は戦後の国策で行った造林の結果、スギやヒノキだらけだ。その影響もあって、東京都の推計によると、都民の半数近くが花粉症だという。当時の石原慎太郎東京都知事も花粉症を発症し、奥多摩のスギ・ヒノキを減らそうという知事の大号令のもと、都では、二〇〇六年から「花粉の少ない森づくり」を進めている。区画ごとに皆伐を行い、花粉が出ない品種に植え替えていく事業だ。

都内の森林は多摩地方に集中しているから、僕の古民家からも、山の一部がはげたように皆伐されて若い苗が植えられている様子が見える。そこは日光が入って草がよく生えるため、夜になると、シカが下草を食べにやって来る。その数は相当だ。皆伐の思わぬ影響で、多摩では今、シカが非常に増えているのだ。生態系のバランスを保つためには、もっとジビエ料理にして食べなければいけない。

獣害を誘発するほど植え替えを頑張っているのに、今も多摩は花粉が多い。周囲のほとんど

古民家越しに見える皆伐された山。

が森という環境だから、まだまだ従来の木があって、そこから飛んでくるのだ。そのため、多摩の森で春先の自然体験となると、お子さんの花粉症を気にする親御さんが少なくない。もちろんマスクはしたほうが安心だと思うが、花粉症の子の症状が森で悪化するかと言うと、これが、意外とそうでもない。実際、森にいる時のほうが、体調が良い場合が多いのだ。

森の中、それも奥多摩のように森林率九十四％の環境にいると、花粉が存在しているにも関わらず、症状がひどくならないのである。これは、森に満ちているフィトンチッドに、鼻炎などのアレルギー症状を抑える働きがあるからだと言われている。

まだ花粉症を発症していない人の場合は、森に行くことによって、体の花粉許容量、いわば花粉タンクのようなもののサイズが大きくなると言われている。すでに花粉症を発症している人は、もう満タンで吹き出している状態なのだが、前述のように森の中では症状が出にくい。しかし、香りを楽しんでほしい五感メソッドにとっては、アレルギーによる鼻づまりも、花粉防止のマスクも、どちらも悩ましい存在だ。

昔は「ハナタレ小僧」がいっぱいいたが、当時はわからなかっただけで、あの中の何人かは花粉症だったはずと聞いたことがある。花粉症は、都会の空気の悪いところにいると悪化するため、日本の都市化とともに近年急激に患者が目立ち始めたというわけだ。

あと花粉症は不思議で、物理的に花粉が体に侵入していなくても、花粉症の薬のCMで黄色いもくもくとした花粉の映像を見ただけで交感神経が優位になってくしゃみが出たり、ニュース番組で「今日は花粉が非常に多い」と聞いただけで目のかゆみが生じたりするそうだ。一種の過剰反応である。ストレスによっても症状が悪化するという。

幸い、これまでの僕の経験では、森に入ったことで悪化したゲストはいないが、いろいろな健康状態の方が参加するから、アレルギーの有無や、具合の良し悪しは、最初にお聞きしている。そして、ガイド中もガイド後も気を配り、最後にも確認して、開始前より体調が良さそうであれば一安心だ。

アレルギーについては、じつは僕も当事者である。免疫力がアップする森にこれだけ入っているのだが、野生児は、それを上回る無茶をしているようだ。繰り返しハチに刺されたり、サバが好き過ぎて自分で釣って食べまくってサバアレルギーになったり、川から採ってきたシジミでシジミアレルギーになったり。なにせ何でもとって食べるので、いろいろな目に遭う。シジミはアレルギーを起こした人は二度と食べるなと物の本に書いてあったが、当たった日は体調がとくに悪かったので、いつか体調が良い時に挑戦してみようと密かに企んでいる。リンゴで口が腫れてきたことがあったが、体調が良い時に試したら大丈夫だったので、リンゴアレルギーではないようだ。探りつつの食生活である。

いろいろ食べてみるのは、ゲストに提供する前に毒味しているという面もある。山菜は今までに山ほど食べているが、まったく大丈夫なので、ご安心いただきたい。ちなみに、僕は花粉症でもある。花粉症になったと自覚したあとで、舌下療法というものがあると病院で知って、試しに花粉を口に入れてみたら喉が急に痛くなってきて、アナフィラキシー状態になり、それ以降、治るどころか花粉症が明らかに悪化してしまった。もちろん医師にはひどく叱られた。この療法を病院でやる場合には、非常に少量ずつで体に慣らしていくらしい。何でも自分で体験・体感してみないと気がすまない性格が災いして失敗が多いのである。かつて入院した時には早く病室を出たくて点滴のスピードを勝手に速め、体がひんやりしてきてナースコールを押したこともあり、病院では僕は問題児扱いされている。良い子は絶対に真似しないでください。

我ながら救いようのない話が多いが、僕の場合は好きなものを大量に取り入れて限度を超えてしまうパターンが多い。そこから得た教訓は、「人間は、ほどほどに」ということである。もともと「東京の」野生児は仕事や講演などで頻繁に都会に出入りしている。そのせいもあって、ワイルドな多摩育ちの頑強な体質が崩れつつあるのかもしれない。ただ最後に一つだけ自慢させてほしい。森にいつも入っている僕は、風邪をひかない。これは紛れもなく、森のおかげだろう。誰ですか。今、「○○は風邪ひかない」とつぶやいたのは。

お疲れの大人たちと森

都会人の休憩地

都心の電車や地下鉄に乗ると、ほぼ全員が、同じ角度で首を曲げ、まばたきもせずに手元を見つめている。指を絶えず動かして何か書いている人もいる。僕は、無理に端末で文章を打とうとすると、五分で具合が悪くなる。パソコンもやらないし、スマホも最低限の連絡にしか使わない。ちなみに、トップ画は渓流の写真だ。

今の時代、パソコンができないと不便が多々あるが、野生児枠で大目に見てもらって周囲に助けられて生きている。だから、ヘビーユーザーの疲れ方は僕には想像もつかないのだが、一日中パソコンやスマホに向かっている人は、ときどき意識的に心身を解きほぐさないと、壊れてしまうのではないだろうか。医学的にも「テクノストレス」として知られているように、ここ数十年で急激に変化した生活環境は、それまでの非常に長い森での生活に適応してきたヒトの体に、大きな負荷を与え続けている。

多摩は都心に近い森だから、ゲストは都会で働く人が多く、眼精疲労や肩こりや運動不足など、現代人特有の疲れを心身に抱えている。そして、秒刻みの忙しさを逃れて、束の間の休息を求めてやってくる。

そんなゲストを森に案内する目的は、ひたすら癒やし（ヒーリング）である。肩や腰の凝りをほぐすための運動も取り入れつつ、多めに休憩をはさむ。だから、途中で気持ち良くなって、

森で深呼吸。

ウトウトと睡魔に襲われるゲストも少なくない。交感神経を抑えて、副交感神経を優位にできた証拠だから、ガイドとしては、これは成功である。

大人になると、ゆっくり空を見上げることや深呼吸すること、童心に帰って河原で遊ぶことや生き物を探して捕まえることなど、きっと、いずれもする機会がない。それを森ではふたたび楽しんでいただける。自然の中で体を動かすと、心身ともに元気が出てくる。森で心の豊かさや生きる力をチャージすると、その効果は数カ月も持続する。

だから、企業単位でも個人単位でも、多くの大人がリピーターとなって繰り返し訪れ、多摩の森を第二の故郷のように慕ってくれている。

軽いうつ

ただの疲れならいいが、中にはうつ気味と自覚して森に来られる方もいる。本当に悪化してしまうと来られないから、まだ、来る方は軽症ということだが。

あふれる情報に追いつかないと置いていかれてしまう競争社会の中で、人工物で満たされた空間に四六時中こもって働き、心身の疲

自然に囲まれてリラックスする時間も大切。

れを放置してはいないだろうか。長年の蓄積から疲労をこじらせると、寝ても疲れが抜けきらず元気が出ないことがある。そんな時は要注意だ。緑の風がそよぐ森の中に、ちょっと休憩に来てほしい。

ゲストによっては、ただ座って「何もしない体験（瞑想）」こそが、何より効果的だったりもする。一般的な森林ガイドの二時間は、案外あっという間だ。半日や一日かけて、なるべく複数名で、遊んだり笑い合ったりすると、リラックス効果が大きい。

自分を大事にする時間を持たないと、五感を能動的に働かせることすら忘れていたりする。僕がさえずって、鳥と鳴き交わすのを聞いているだけで、急に泣き出す方もいた。僕は、ゲストが忘れていたものを思い出すきっかけをアシストする。森の魅力の見せ方を工夫するだけではなく、森の中で人間がどう動いて、どう心身を変化させていくのか。そこまで含めてプロデュースしていくのが、森の演出家の役目だと思っている。

ある時は、山のほうでマイナス六度の世界を三日間味

ネイチャーガイドを増やす講座の参加者と。

わってもらうというハードな企画を立てた。それもあえて、うつ気味かもしれない、と自覚する方たちに体験してもらった。サバイバル術を伝授するこの手のキャンプでは、ゲストはあまり思い悩む余裕がない。手足を動かして、体力と知力を総動員して、ヘトヘトになって寝る。おなかがすいて、よく食べる。また動いて寝る。その繰り返しで、気がついたら元気になってしまう。人を活性化する斬新な「人活」プログラムを、これからも考案していきたいと思っている。

ガイド育成事業

川の音や木漏れ日や草木の香りに包まれながら、穏やかな気持ちでガイドをしている時、ゲストと一緒に、僕の心身も癒やされている。自然に触れると、誰でもワクワクする。それを媒介する僕も、しっかりワクワクしている。

しかし、森林ガイドの、こういう幸せな面だけを強調すると、「自分が癒やされたいがためにガイドをめざす」という志望者が増えてしまったりする。実際、僕が過去に面接した人の半数以上が、よくよく話を聞いてみると、そういう自己本位な動機だった。

自然の中に身を置いて働きたいと思う本当の理由は何だろう。「人を癒やしたい」という気持ちが本心であるなら、大前提として、まず自分を安定させる必要がある。森が自分の逃げ場になっている人には、プロのガイドの仕事は務まらない。

すべてのゲストに満足して帰っていただく。これは単純なようでいて、非常に骨の折れる仕事だ。人のために全力投球できる状態に自分を整えたうえで、日々の地道な準備を怠らない覚悟が求められる。

やりがいのある仕事だから多くの仲間がほしいのだが、後進の育成は、当面の最大の課題である。森の演出家協会ではインターンを受け入れて、大学生と一緒に仕事をしたりしている。また、「仕事旅行社」というツアー企画会社と組んで、ガイド育成事業の講師を務め、この仕事のやりがいや内情をガイド志望者に伝えたりしている。

森が人を癒やす理由

癒やしのエビデンス

人は本当に森によって癒やされているのだろうか。この興味深い研究テーマには、すでに多くの科学者や医師が取り組んでいて、その成果も発表されている。樹木が発するフィトンチッドという物質の作用で、ナチュラルキラー（ＮＫ）細胞が活性化して、免疫力がアップすることは、すでに立証されているという。

僕は、その細かい機序までは解説できないが、ガイドをしていると、これは森の力ではないかと感じることが、いろいろと起こる。ひどい花粉症の人が森の中にいる間は症状がまったく

河原で横になってリラックス。

出なかったり、少し風邪気味だった人が治ってしまったり、うつ気味だった人が森をしばらく歩いたらスカッとしたと言ってくださる。

資格取得のための勉強や、複数の専門家との対話を通して、心理学や心療内科的なことも少し学ばせていただいた。自律神経と五感は、理論的にも密接につながっている。森の中にいると、交感神経よりも副交感神経が優位になる。いわゆるリラックスしている状態だ。その結果、眠気が来たり、涙が頬を伝ったり、心身にいろいろな反応が起きる。森に入ってすぐではなく、きれいな空気のもとでフィトンチッドを吸って、二時間以上を過ごしたあたりから効果が現れる。そういうゲストの変化を、実際にガイドをしながら僕は何度も目の当たりにしている。

効果を上げるためには、環境選びも大切だ。森は森でも、うっそうとした暗いやぶのような森では、良い影響を期待できない。丸腰のヒトは非常に弱い存在だから、見通しが利かない自然の中では不安になる一方なのだ。僕がよくガイドするコースは、前述のとおり、ご近所さんも毎日散歩するような遊歩道で、山に囲まれているが人里も近い。このような安心感の中で適度に自然に包まれるぐらいが、都会の人にはちょうど良い。

コラム　心地よさの科学的証明

ここまで、森林浴の科学的な根拠を断片的に紹介してきた。それを裏づける研究や森林医学の現状について、森林医学の第一人者、日本医科大学の李卿先生にお話を伺ったので紹介したい。

森林浴の健康効果

森林の香りの主成分であるフィトンチッドは、植物が発するα-ピネンやリモネンといった一〇〇種類以上の揮発性化学物質の総称で、ヒトの血液内に入ると副交感神経を優位にする働きをもちます。

森林浴の前後で、気分を測定する「ＰＯＭＳ (Profile of Mood States)」と呼ばれる検査を行うと、多くの被験者の活気が上昇し、疲労は大きく下降します。うつ状態の改善に森林浴が効果的と言われるのは、そのためです。ＰＯＭＳは、緊張—不安、抑うつ—落ち込み、怒り—敵意、活気、疲労、混乱という六つの尺度のアンケートによる主観的な検査ですが、森林浴によって血圧や心拍数が下がることは客観的に証明されています。また、尿中のアドレナリンやノルアドレナリン、血液や唾液中のコルチゾールといったストレスホルモンの濃度が下がることも実験によって証明されており、森林浴のリラックス効果を裏づけています。

フィトンチッドは免疫系にも作用します。森林浴後には、ナチュラルキラー（ＮＫ）細胞の数や、ＮＫ細胞内の抗がんタンパク質が増えることが、私たちの研究によって明らかになりました。ＮＫ細胞は、がん細胞やウイルス感染細胞を選択的に攻撃してくれる重要な免疫細胞です。森林浴によって、このＮＫ細胞の数が増え、個々のＮＫ細胞の活性も高まるわけです。

フィトンチッドは、間接的にも免疫系に良い影響

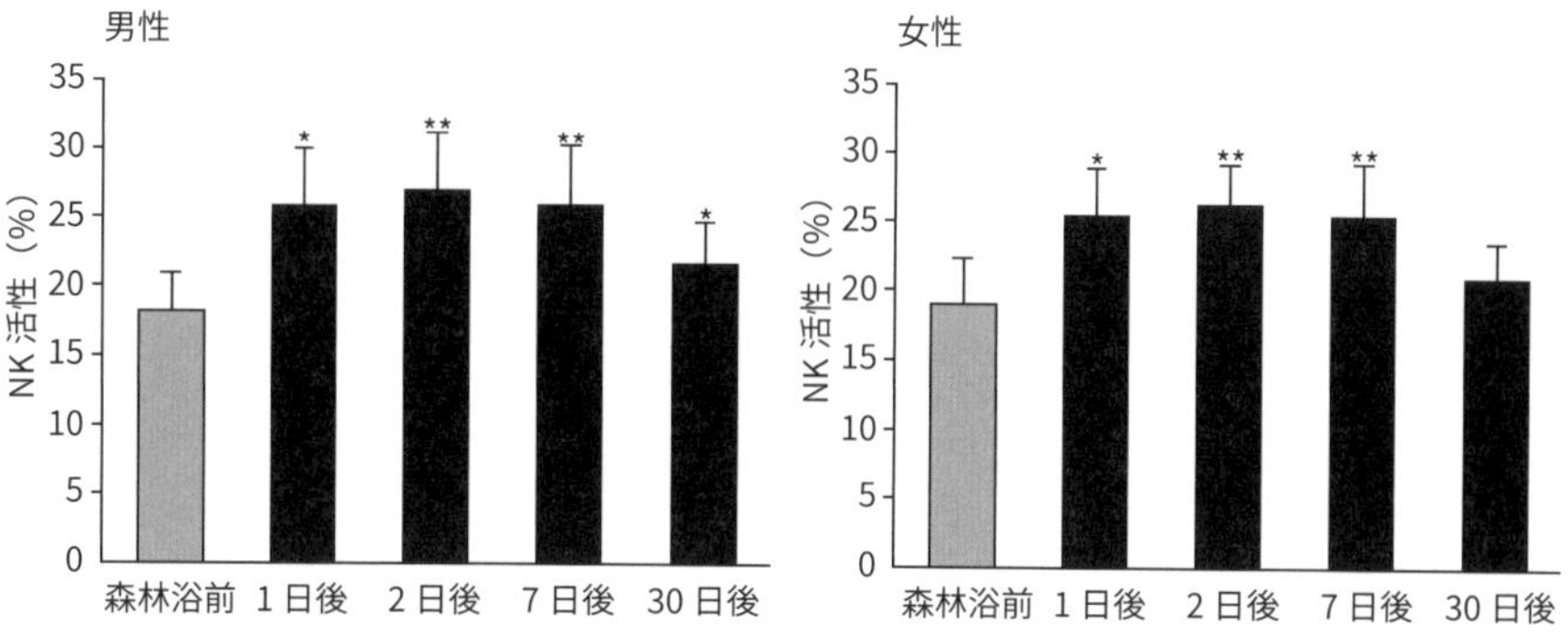

図 1　森林浴がヒト NK 活性を上昇させた（1 日目 43%、2 日目 56%）。さらに、NK 活性は森林浴の 1 週間後でも 45%、1 カ月後でも 23%高かった。平均値＋標準誤差。n = 12（男性），n = 13（女性）。*: $p < 0.05$、**: $p < 0.01$、対応のある t 検定による森林浴前との比較。Li et al. *Int. J. Immunopathol. Pharmacol.*, 2008; 21: 117–128 および Li et al. *J. Biol. Regul. Homeost. Agents.*, 2008; 22: 45–55 より作成。

を与えています。人の神経系はストレスを感じると脳の視床下部から下垂体に指令を出して副腎皮質ホルモンの分泌を促進し、このホルモンが免疫系の機能を抑制してしまうのですが、フィトンチッドは、私たちのストレスを低減させることで、結果的に、この抑制状態を解除してくれるのです。しかも嬉しいことに、二泊三日の実験の効果が、長い人では森から帰って一カ月も持続しました（図1）。

こうして森林浴は、ストレス起因のさまざまな疾患を遠ざけ、がんや感染症の予防に役立っています。おまけに、加齢に伴って急激に減ってしまう血中のアディポネクチンやデヒドロエピアンドロステロンサルフェートを増やしてくれます。森で過ごす時間が、動脈硬化や糖尿病といった生活習慣病の予防や、アンチエイジングにもつながる可能性があるのです。

二〇〇四年に始めた私の森林医学研究は約十年間でほぼ完成し、今は追加の関連研究をしています。ときどき十人ほどの学生を都市公園に連れて行って

ＰＯＭＳによって効果を検証していますが、大都会の中にある緑地でも、ネガティブな気分を改善して、ポジティブな気分を高揚する効果が得られます。対照実験として緑のない駅前を歩くと、疲労が増え、活気が下がり、ほとんど良い結果は出ません。

身近な緑地でも効果あり

森林浴の効果はとくに精神的疲労に対して顕著です。日々ストレスにさらされて疲れている人ほど森に行くと良いでしょう。行き先は、標高五九九メートルの高尾山（東京都）のような低山でもいいですし、じつは、山や森である必要すらありません。私や学生たちが気に入っている都内の森林浴スポットは、新宿御苑や六義園《りくぎえん》、明治神宮、昭和記念公園、有栖川宮記念公園などです。フィトンチッドに浸かり、五感を解放して自然とつながることさえできれば、都市公園や鎮守の森や小さな緑地でも森林浴は可能で、時間も二時間あれば十分です。リッラクス効果に加えてＮＫ細胞の活性化までめざすのであれば、たっぷり一日かけて緑の中で過ごしましょう。効果は、天気が良い日ほど現れやすいです。夏でも森の中は不思議と快適なので、日本では五月の連休明けから十月あたりがオススメですよ。

有栖川宮記念公園。

森林医学の歩み

日本は森林医学の先進地です。私が森林環境に興味を持ったのは、中国の医大を卒業して鹿児島大学医学研究科で環境医学を学んでいた二十五歳の頃です。友人とキャンプをしながら屋久杉の森が広がる屋久島に登った時、「この環境は、たぶん体に良いな」と直感しました。その印象を胸に、今まで研究を続けてきたのです。二〇〇一年に免疫学を学ぶために留学したスタンフォード大学で私は、米国の私のボスが発見した抗がんタンパク質に対する抗体を使って、世界で初めて、その測定法を確立しました。日本に帰ってから、この技術が森林浴の効果検証に役立ちました。

「森林浴」という言葉が日本で誕生した一九八〇年代はほとんどデータがなく、その評価は、あくまで感覚的かつ経験的なものでした。二〇〇四年に林野庁が森林セラピーの科学的根拠を探る研究に着手した時、私は医師として呼ばれました。実験してみると、心臓血管系にダメージを与えるほどの高血圧（収縮期約一四〇ｍｍＨｇ）の被験者でも、森林浴によって有意に血圧が低下しました。また、尿中や血液中のストレスホルモンが減少したり、ＮＫ細胞の数や活性が増加したりすることから、森林浴が私たちヒトの免疫機能を改善することも明らかになりました。神経系・内分泌系・免疫系は互いに図2のように影響しあっており、森林浴はこの三つの系全体に変化をもたらします。その三年間の森林総合研究所と日本医科大学の共同研究で、森林浴による健康増進や疾病予防の効果が実証されたわけです。そして、二〇〇七年に仲間の研究者たちと日本衛生学会内に設立したのが、世界初の「森林医学研究会」でした。

こうして立ち上げた「森林医学」という分野への関心は、年々高まっています。とくに二〇〇八年に「ジャパンタイムズ」が英語で報道してからは、欧米メディアの取材が増えました。もともと彼らは自然が好きで、たとえばドイツには一八〇〇年代から続

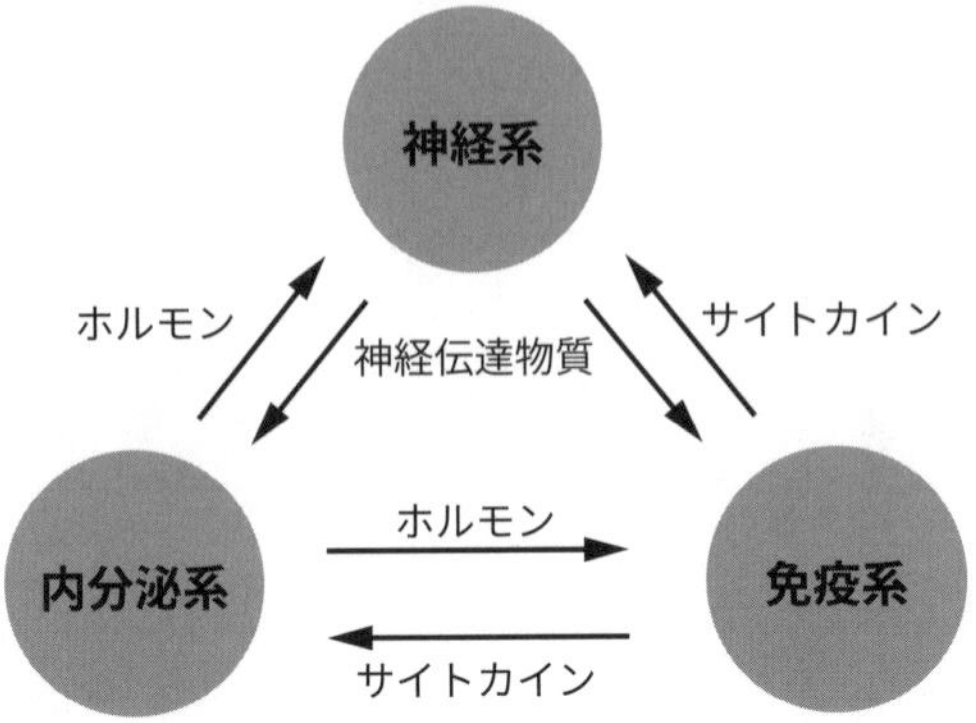

図2 神経系から放出された神経伝達物質は内分泌系と免疫系に影響を与え、内分泌系はホルモンによって、免疫系はサイトカイン（生理活性タンパク質の総称）によって、それぞれ他の2つの系に影響を与えている。森林浴は、この3つの系によるネットワークを介して健康に寄与している。Li, Q. *Forest Medicine*, Nova Science Publisher (2012) より作成。

くクナイプ療法と呼ばれる自然療法があります。感覚的に体に良いと信じてきた森の秘密を、ついに科学が解き明かしたことが、欧米人の心を動かしたのでしょう。二〇一二年に六十人以上の研究者の協力を得て私が編集した*Forest Medicine*という専門書が米国で出版されると、従来の森林科学が世界規模で「森林医学」に発展し、一気に研究が進みました。

二〇一八年には、先の専門書をベースにした一般向け書籍を執筆し、英国では*Shinrin-Yoku*、米国では*Forest Bathing*というタイトルで出版しました。米国版は一般書も含むノンフィクション部門で全米11位を記録しました。この本は、これまでに二十六言語に訳され世界三十以上の国や地域で読まれています（二〇一九年七月現在）。森林医学発祥の地の日本でも、間もなく翻訳出版される予定です。「シンリンヨク」は今や世界共通語となり、その英訳のForest Bathingとともに、各地で普及しつつあります。

土屋さんとの出会いは、二〇〇八年にさかのぼります。確か私が講師を務めた森林セラピーの勉強会に来られて知り合いました。私が森林浴の科学的根拠を探るために前例のない実験を繰り返していた頃、二〇〇九年に十六人の被験者を森に導くガイド役を務めたのが土屋さんでした。高血圧や疲労を抱えた中高年の男性を対象にした森林浴実験で、採血・採尿やさまざまな測定を行う大規模な実験でしたが、彼はよくガイドしてくれました。私の本が韓国や中国で翻訳され、政府の要人を含む視察団が来日した時も、ガイドは彼にお願いしました。非常に信頼できるガイドですから、北京にも派遣しました。同行予定だった私は行けませんでしたが、彼の講演は好評でしたよ。

李 卿（リ・ケイ）　医学博士。日本医科大学リハビリテーション学分野の臨床医師。森林医学研究会代表世話人、国際森林・自然医学会の副会長兼事務局長、NPO 法人森林セラピーソサエティ理事を兼任。

医師との連携

ツッチーの五感メソッドとは、いったいどういうものなのか。そこに医学的な関心を向けてくださった先生たちがいる。ある時は、医師からの紹介で、古民家に三人のゲストを迎えて、一週間、一緒に過ごした。人生の低調期にある人ばかりで、最初はどうなることかと思ったが、結論から言えば成果は十分だった。たとえば一人の女性は、この合宿を経て自己肯定感を取り戻し、今では仕事も家庭も得て元気に暮らしている。

彼女は当初、うつ状態でまったく眠れないと言い、睡眠薬が手放せない状態だった。医師でもない僕は、どうしたものかと戸惑った。だが、よくよく彼女の様子を見ていると、ずっと頭の中が過剰に回転し続けている。これでは寝つけるわけがないと思った。

そこで僕は二日目から、伸び放題だった畑の雑草取りを頼んだ。最初は嫌そうだったけれど、活動を続けていると、地に足が着いた感じになってきた。半日が終わって地産地消の食材で食事を出したら、食後に初めてのあくびが出た。いい兆候だなと思った。

古民家の朝は早い。ニワトリの雄叫びに起こされ、小屋から採ってきた新鮮な卵で朝食をいただく。三日目になると、肉体疲労は増しているはずなのに、明らかに目つきが変わって表情がしっかりしてきた。草を抜いた所が目に見えてきれいになり、成果が明確だから意欲がわいてくる。しかも夕方六時で、もう眠そうだ。

しっかり眠れて、翌朝は四時半に起床。四日目には御岳山の上まで登ることができた。こうして彼女は一週間で、みるみるうちに元気になっていった。自然の中で人の心が解き放たれ、

知人の紹介で医療従事者や学校の先生たちの御一行をガイド。

全身がバランスよく疲れて、よく眠れるようになる。これが自然の力かと、僕自身、彼女の変化に驚いた。

紫外線は皮膚の大敵とはいえ、太陽光を避けていたら、たぶん心身の健康は保てない。頭でっかちに生きていると、心と体の疲労のバランスが妙なことになってくる。朝日を浴びることで体内時計がリセットされて、生活リズムが整う。夜に眠くなるためには、太陽の下で昼間にたっぷり動く必要もある。

森には自律神経を調整する力があるから、心身の多少の不調であれば、薬に頼らなくても、自分で改善できる可能性がある。僕がやっていることは、そのお手伝いだ。医療行為ではないから「治す」とは言えないが、たとえるなら、湯治客を温泉街に案内するような役目だ。自然の中で散策し、温泉に入って、おいしいものを食べ、あくびをして寝ると、誰しも元気になってくる。病院のベッドで寝ているだけでは、同じ効果は望めない。当たり前過ぎてかえって軽視されがちだけれど、自然の中で、こういう「人間本来の素朴な生活」を丁寧に実践してみることが、人間を根本から満たしていくのだ。

野生児として伝えたいこと

「だれでもの」

森と人をつなぐガイドの仕事をしてきて、思うことがいろいろとある。僕は高校時代、例の難病疑惑で寝ていた期間に、何冊も本を読んだ。好きだったのは、灰谷健次郎や井上靖の作品だ。灰谷健次郎の『いま、島で』や『我利馬《ガリバー》の船出』がとくに印象深かった。

『我利馬の船出』という小説では、恵まれない幼少期を送った少年が、造船所に出入りして独学で船をつくる。その自作の船で海に出て、厳しい航海の末にたどりついたところが夢の島というようなストーリーだ。海で真水がない時に、さばいた魚から出てくる水が生臭くもない真水だったとか、そういう実体験に基づくようなエピソードに、僕は読みながらワクワクした。

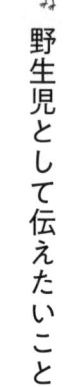

さらに、この小説に登場する「だれでものおっさん」の言葉が、とても気に入った。貧しさゆえに社会からつまはじきにされていた主人公は、ある時、図々しくも人の焚《た》き火に当たろうとする一人のおっさんに激しく苛《いら》立つ。しかし、疎ましくて邪魔だったおっさんから、「だれでもの火や。な」と言われてハッとする。そうだ、火も水も空気も、そして土地も、本来はだれかに独占されるべきものではない、と気づくのだ。

確かに、自然は誰のものでもない。しかし今の世の中を「おっさん」の目で見渡してみれば、おや?と思うことが少なくない。僕のような野生児はともかく、町の子は、どこで草花を摘み、どこで穴を掘り、どこで生き物を捕まえて、どこで泳ぐのだろう。決められた枠の中で大人しく遊ぶのが「良い子」なのだろうか。

海や川には漁業権があり、山には所有者がいる。権利やお金が絡む以上、社会の秩序として仕方ない。でも僕の育った野山には、「だれでものおっさん」のような、おおらかな文化が、辛うじて残っていた。縄張り意識の強弱は地域差があるのかもしれないが、僕の知る某所では、かなり自由に山菜を採らせてもらえる。お互いの信頼によって成り立つローカル・ルールの下、根こそぎ持って行くような非常識なやり方でない限り、自家消費分ぐらいは許されるのだ。とはいえ、これは内輪の、まさにローカル（局所的）なルールなので、かなり繊細だ。

僕らのような森林ガイドの仕事も、森の多様な価値を多様な人々に提供するという理念に共感してくれる管理者や所有者に支えられている。気持ちよく協力してくれる人の信頼は、誰だって裏切りたくない。山を歩く人の顔ぶれは時代とともに変わっていくが、人間どうしの微妙なバランスで守られている美しいルールの永続を願っている。

希少種の保全

裏方として自然番組をサポートする際、森の豊かさを多くの人に知ってもらおうと、魅力的な動植物の情報をピックアップして提供することがある。しかし、影響力が大きいバラエティー番組の場合、一つ扱いを間違えれば乱獲を招く可能性があるから、非常に気を使う。限りある地域資源を保全するためにも、繊細なローカル・ルールを乱すようなことがあってはならない。

「だれでもの森」はルールを守ってこそ。

編集の結果、絶滅危惧種が簡単に見つかったように放送されることがあるのも気がかりだ。実際には、現場を熟知していないと探すこともできない。番組を見て、希少種が簡単に手に入ると勘違いして自然を荒らしに来る人がいるのは、本当に腹立たしい。

森に人を呼びたい反面、ブームのような急激な人気や、思いやりのない森の利用を加速するのは非常に不本意だ。「だれでもの森」とはいえ、不法者の侵入は防がなければいけない。かといって、過度な管理意識によって、美しい木立の中に看板や柵が乱立するのも悲しい。広々と見渡せる景観が人工物で遮られれば、僕らが提供したい癒やしの効果も半減してしまう。適度に人を呼びつつ、魅力的な森を維持する工夫が必要だ。

希少種は今、厳しい状況に置かれている。このまま乱獲の手から守れたとしても、地球規模の温暖化や開発の影響で失われかねない。人が歩きやすいように黒いアスファルトで覆った林道では、近年の激しい日射で道路の温度が異常に上がり、木の根が駄目になってしまう。温暖化で冬に雪が降らなくなり、雪解け水が来ないから川の様子も変わりつつある。水温が高いため、多摩川の川底の石に初夏になるとつく名産の川のりも減っている。摘みとって並べて干すと一枚一〇〇〇円にもなる味の良い高級食材が採れないため、経済的損失も大きい。また、里山の変化のせいか、ここ数年、駅のそばにまでツキノワグマが姿を見せる。シカも増えて獣害が拡大している。森の魅力を発信して人を呼び込む森の演出家には、いろいろな影響を加味して、森全体の活性化と環境保全を両立するバランス感覚が求められている。

命と触れ合えない時代

野生の山菜はローカル・ルールの下で採取が許されているけれど、野鳥には、今の法律の下では、僕らは手を出せない。昔は手づくりの罠でスズメやメジロを捕るのは子どもの一般的な遊びだった。野生の生き物との接触や、その生死を身近に感じる経験は、子どもにとって大きな財産になる。それを全面禁止と切り捨てる現行制度に僕は違和感を覚える。

行政が定めたルールに従えば、巣から落ちたひなを子どもたちは容易に触れない。けがをしている野鳥は拾っても良いらしいが、その特例を知らない人も多いし、保護した場合は、すぐに然るべき機関に連絡しないと、鳥獣保護法違反になってしまう。うっかり申告が遅れて先に誰かに通報でもされた日には、一年以下の懲役または一〇〇万円以下の罰金である。そして、野鳥に触っては駄目という噂を聞いたことがある大人たちは、もし身近な子どもが、傷ついて苦しんでいる野鳥を見つけて声を上げても、「触るな」「放っておけ」と言って、とりあえずその場を離れようとするだろう。うっかり長居すれば、情が移って「持って帰りたい」と言い出し、面倒事に巻き込まれるのがわかっているから、観察する時間さえ与えない。

命の大切さを教えるはずの学校も、矛盾を抱えている。「決まりだから」の一点張りで、野鳥のひなが落ちて弱っていても、子どもたちには触らせないのだ。命を落とした動物が他の命を支えていることは紛れもない事実だから、傷ついた野鳥との出会いを機に、子どもたちに自然界の厳しい掟を教えるのも大切な教育ではある。しかし、まだ生きている温かいひなを手に取ることも許されず、近くにカラスや猫がいても食われるまま見ているしかない状況で、淡々と「放置が正解だから」と伝えられても、子どもたちの心は納得しないのではないか。

大人は何でも理屈で考えようとするが、目の前にいるのは、生まれて初めて見た野鳥に胸を躍らせる小さな子どもたちなのだ。グラデーションを描く羽の色や繊細なくちばしをじっくり眺め、できれば触って感触を確かめたいと願うのは、人の子としてきわめて自然な反応だろう。その二度と訪れない大切な瞬間を無視してまで野鳥を奪い取る行為は、子どもと森を結びつける一本の糸を、わざわざ断ち切る行為に等しい。

幼い頃に鳥の研究を自己流でやっていた僕は、野生のキジバトを飼ったことがある。窓か何かにぶつかって脳震とうを起こした個体だ。学校の子たちは太っていて可愛いと言っていたが、鳥が太っているのは、もう死ぬ時なのだ。

僕は、これは世話をすれば助かるとわかったから、飛べるようになるまで家で飼い、元気になってから空にかえした。野鳥だから持って帰っちゃいけないと先生に言われたが、わざわざ見殺しにする意味が僕にはわからなかった。

野鳥のひなを育てていたこともある。鳥の餌を店で買ってくる発想はなく、野生の親鳥が何を与えているかを観察して、クモやミミズを必死になって集めた。上手に次々と餌を捕ってくる親鳥の能力の高さに改めて目を見張った。今、僕が子どもたちに鳥の食べている物を聞かれて答えられるのは、幼少期の実体験があるからなのだ。

人が野生に介入する弊害も理解できるが、生き物の命の重みに触れることなく育った大人ばかりの社会は、結局は、より致命的な自然破壊を招くから、どちらがマシなのか微妙だと思っている。

身近な生き物との素朴な付き合い方が事細かに禁止される一方で、減りゆく野生生物の希少性を売りにするビジネスは、なぜか放置されていたりもする。厳しく罰するべきは、そういった生体販売のほうではないだろうか。

子どもは本来、生き物が好きで、いろいろな生き物と遊ぶものだ。かわいがるつもりで自分より弱い小さな生き物を殺してしまうことも多々ある。そういう経験を積んで、だんだんと命の扱いがうまくなる。

やんちゃざかりの悪ふざけで、残酷なこともする。僕らの頃は、それが当たり前だった。たとえばショウリョウバッタを手に持つと、口から醤油みたいな汁が出る。あれを友達どうしでわざと出し合って、挙げ句、バッタを手でつぶしてしまったりする。そういう出来事から、一度死んだら二度と戻らないことを知り、悲しい気持ちを味わって、遊びを通して命を学んでいたわけだ。

僕は小さい頃、ヤマカガシを毒ヘビと知らずにかわいがっていた。遊びで川に投げると、必ず岸に戻ってくるから、また捕って川に投げる。また戻ってくる。そんなことをやっていた。ヤマカガシはおとなしくて、踏んだり危害を加えたりしない限りは噛まないが、あとになって、結構強い毒でマムシより怖いと知って青ざめた。扱い方を間違えていたら殺《や》られていたかもしれない。

僕の野蛮なエピソードに、眉をひそめる人もいるかもしれない。でも子どもは本来、そういうものだったはずだ。僕は祖父や父の子ども時代をなぞっただけだ。いろいろなイタズラをして、早い段階で多くの失敗をして、切ない思いもして、成長していく。長い間、僕らはそうやって成長してきたのではないだろうか。

親が介在しない子どもどうしの喧嘩も必要だ。自分や他人の痛みを知って、体験・体感を通して打たれ強くなる。手加減も知らないまま大きくなったら、重症化させてしまう事故を起こしやすい。過保護な子育ては、安全なようでいて、じつはもっとも危険なのではないか。遊びを通して経験値を上げる段階も踏まずに、人間力を養うことは難しいと僕は思う。

教育現場でも、動物の生死について体感する機会が減っている。僕らの頃は、理科の実験で動物を解剖して動いている心臓を観察したりした。今は、そういうナマの命を扱う授業がきわめて少なくなっている。家庭で鳥や魚をさばく機会も減っている。

生き物の一個体が一つの受精卵から見事に形成される不思議は、ニワトリの卵の発生実験で体感できるが、それすらやらないらしい。卵の中心点で細胞分裂が進んで二一日でひよこになる過程を、今の理科の先生たちは見たことがあるのだろうか。それも見ずに生物学を語ってほしくないと僕は思ってしまう。

子どもは多摩川に行くなと指導するが、それなら先生と子どもが一緒に川に出かけてヤマメでも観察したらどうだろう。おいしいヤマメは何を食べて育つのか。どうやって繁殖するのか。それらを学ぶだけでも数時間の授業にはなる。自然こそ、教材の宝庫なのだ。それこそが本物の勉強だろう。

リアルな命を実地で学んだ子どもたちは、自分や他人を大切にできるようになる。泳ぎ方、釣り方、さばき方、火のつけ方、料理の仕方、遊び方を知っていると、身体に根ざした自信が育まれ、人のために働くこともできる余裕のある子になる。こういう学びは、偏差値で測れる学び以上に、直接的に人生に役立つに違いない。

危ないものを撤廃しない

良かれと思って大人が施した安全対策が、子どもを脆弱《ぜいじゃく》にしている面がある。たとえば、火や刃物はどうだろう。ＩＨキッチンで育つ子や、マッチを擦ったことがない子が増えていて、野外体験の場で、目の前のロウソクの炎を、いきなり手で触ってしまったりする。嘘みたいな

僕のプログラムではナイフなどで工作をすることもある。

話だが、実話だ。

ワンタッチで炎が出るライターは、約十年前にチャイルドロックが標準装備となった。うっかり子どもが着火しないように、という配慮だ。しかし不評で、今は結局、元のようなタイプが出回っている。考えればわかることで、簡単に着火できる道具であるライターから即座に火が出なかったら意味がないのだ。

子どもが危険な目に遭うかどうかは、こういう小手先の工夫とは別のところにある。本来、子どもは火遊びをしたがるものだ。火が本当に危ないことは、小さな火傷をして知る。体験・体感があるからこそ、扱えるようになる。いくら親が危ないと叫んでも、その子に危ないものという認識自体がなければ、触ってしまう。一方、ちょっとでも火傷をして、ヒリヒリと痛む火膨れをつくれば、嫌でも危なさを理解できる。百の言葉より、一の体験だ。

刃物も、火と同じで、触れるだけで怪我をする。一瞬の油断で血が出る。一度でも怪我をすると痛みを知って、痛みを知ると扱いが丁寧になる。これも経験でしかない。鉛筆削りも、彫刻刀も、大人が先回りして安全に配慮し過ぎるから、刃物の怖さを知らぬまま大人になる子が増えている。そして、僕のような者に、火や刃物の扱い方を教える講座のリクエストが相次ぐ。

僕のプログラムでは、親御さんの了承を得たうえで、果物ナイフやカッターナイフを子どもたちに使わせる。絶対に血が一滴も出てはいけない、というのは無理な相談だ。竹を削って箸をつくったり、鉛筆を刃で削ったりする。やらせるか、やらせず避け続けるか。この二択であれば、僕は間違いなく、やらせて経験を積んでもらうほうを選ぶ。

怪我をした子は、しばらくは凝りて包丁を持とうとしない。だけど少しすると、周りのみんなが料理をつくっているのを見て、またやろうとする。ここで、めげずに体験を選び取るのが、その子の底力だ。そこにこそ注目して励ましたい。「またやりたい」と思わせるような楽しさを与えようと大人は頭を使い、声を掛ける。それが教育だと思う。これらの体験は、もちろん家庭でもできる。何が子どものためになるかという見通しと、大人の覚悟の問題だと思う。

公園や校庭など子ども用の遊び場では、一瞬のすきもなく親や先生が横で見守っているというのは現実的ではない。今、気になるのは、遊具の撤廃問題だ。最近の公園の様子を、小さなお子さんのいない方も、改めて見てみてほしい。危ないからという理由で、ブランコや回転する遊具が撤廃されている所が多いのだ。

危険性ゼロの遊具だけを置くというのは不可能である。雲梯《うんてい》だって、鉄棒だって、使いようによっては大怪我をする。親からのクレームや訴訟を恐れて、管理者は安全志向に走る。だから極端な所では、遊ぶものが何もない。そういう風潮に疑問を感じている親も、痛ましい事故が起きると意見しにくくなって口をつぐんでしまう。

しかし、子どもの安全は究極のところ、子ども自身で守るしかない。昔から子どもたちは、置いてある遊具を、子どもたちなりに理解して遊んでいた。子どもたちどうしで、小さな子には大きな子が教えるということも自発的にやっていた。昔も今も事故はあるけれど、だから即撤廃せよ、という短絡思考が目立つのは最近の傾向だろう。僕は、遊具撤廃を求めるよりも、遊具を普通に使える子どもたちを増やしたい。

子どもの安全は親が守るもの、いつでも近くで親が見ていろ、すべて親の責任だ、と周囲が保護者に圧力をかけるから、話が妙な方向にいく。何もかも親の責任とすれば、それがやがて責任のなすりつけ合いになり、公園の責任、行政の責任、国の責任となっていく。であれば最初から撤廃してしまおう、となるのは自然な成り行きである。

「危ないから〇〇したら駄目だよ」と親が小言を言うのと、行政が条例や法律で言うのとでは、まったく意味が異なる。管理責任を問われたら困るという論理で行政が動くと、一律にルール化されて、きれいさっぱり「危険」が撤廃されてしまう。安全一辺倒の社会は、逆に子どもたちにとって安全ではなくなる。何もできない子どもになるからだ。

僕ら多摩の野生児は、夏になると、多摩川の水深二メートルほどの淵に飛び込んで、ほてった体を冷やしていた。それを止めに入るような大人もいなかった。親たちも昔そういうことを

御岳の森と多摩川。

して育ったからだ。川は怖いけれど楽しいことがいっぱいある。僕らは「危ない」の意味を知ったうえで、「危なくないようにして」遊んでいた。ガキ大将は体験・体感を積んでいるから大将なのだ。危ないことをしてきたから強い。

子ども時代に体験した怖いことや痛いことは良い記憶ではないが、じつはとても大切なものである。幼い頃に溺《おぼ》れかけたり、火傷をしたりした実体験は、大人になっても心に残り、より大きな失敗を防いでくれている。ゼロよりは、あったほうがいい経験だ。当時のガキ大将仲間たちは今、それぞれの立ち位置で社会人をやっている。彼らが自然の中で養った胆力は、それぞれの現場で、きちんと生きているはずだ。経験を積む子が強くなり、周囲から一目置かれる。この原則は、大人の世界でもまったく変わらない。

遊びで怪我するのは当たり前という昔の遊び方がどんどん消えていく今、危険を知らない子が増えている。同じことが森でも言える。リラックス効果のために森に入ったハイカーたちが亡くなる事故が起きている。なぜか。育つ過程で、自然の怖さを体験・体感する機会がなかったからではないか。危険を知らないがために、軽い気持ちで命を危険にさらしてしまう。そういう人を増やすことが、果たして本当に「良いこと」なのか。

食品の「賞味期限」に頼る感覚も同じだ。冷蔵庫も保存料もなかった昔の人は、においや色で、食べても危なくないかを判別していた。安全を求めて、楽に暮らすために進行した技術が、何もできない人を増やしてしまった。無駄な食品廃棄を増やし、社会問題にもなっている。いざ震災が起きてインフラが止まった時、表示の期限が切れたからといって食品を捨てられるだ

森に行ってリアルな体験を。

ろうか。熱を入れたら食べられるかもしれない。その食品が命を救うかもしれない。五感を使って判断できれば、賞味期限は関係ない。

世の中が危険を排除するだけの方向に走らないように、体験・体感の場で、どういうふうにカリキュラムをつくっていくか。そこを考えるのが、森の演出家の仕事である。自然界はじつは危険だらけだ。森はもともと、人を寄せつけないような厳しい顔をたくさん持っている。クマやイノシシも出れば、ハチやアリ、毒ヘビやヒルもいる。近年の林業の低迷や人手不足、そして気候変動で、長老たちが経験したことがないような規模の自然災害も起こっている。でも、だから行かない、ではなくて、森の中で出合うリスクを知って、それをどういうふうに乗り越えていくのかが重要なのだ。

手伝い過ぎたり手加減したりすると、子ども自身の体験が損なわれ、せっかく得られるはずの体感も得られずに終わる。過保護は往々にして大人の都合であり、子どもにとっては不幸だ。子どものためのプログラムが、子どもを心配する親のためのプログラムになってしまったら、本末転倒である。親御さんの中にも、「自分も体験で学んできたから」と言ってくださる賛成派がいっぱいいる。そういう方たちと、本物の体験を次世代につなげていく努力をしたい。

第3章

五感を磨いて日本を元気に

写真：野口直子

活動が全国に広がるにつれ、地方の深刻な過疎化や少子高齢化といった日本全体の課題を見過ごせなくなってきました。今こそ子どもから大人まで五感を研ぎ澄ませて、森とつながる時ではないでしょうか。そこで森の演出家協会は、次のステップに踏み出します。

五感メソッドの婚活プロデュース

野生の勘でマッチング

野生児と婚活。まったく縁遠いテーマのようだが、じつは五感メソッドは、婚活にも役立つ。僕は独身だけれど、自分の婚活の話ではない。男女が打ち解けやすい自然環境を提供したり、五感を働かせて人の心の動きを読んでアドバイスしたりすることで、野生児が、マッチング率の高い婚活をプロデュースできるという話である。

森の演出家による婚活の特徴は二つある。一つ目は、森を活用したアイスブレイクだ。婚活というのは結婚したい男女が集う場だから、どうしても身構えてしまう。従来のお見合いのように一対一で姿勢を正して向き合うと、打ち解けるまで非常に時間がかかる。僕らが提供する婚活の舞台は自然の中だ。緑に囲まれて鳥の声を聞きながらスタートするから、緊張が溶けるのが早い。リラックスした気持ちで自然の中に座って、最初から笑顔で接していれば、かなり早い段階で、その人の素がわかる。

これまでも僕らのイベントは、婚活とうたっていなくても、何組かの男女を図らずも成婚に導いてきた。自然の中で遊んでいるうちに、いろいろなドラマが起こって、参加者どうしが結びつくことがあるのだ。結婚式に呼ばれる回数も年々増えてきた。人を癒やす森の力が、どうやら恋愛にもいい感じに作用するようだ。

二つ目の特徴は、五感メソッドによる小さなアドバイスだ。人が誰かに好意を寄せると、それは視線や表情に表れる。その一瞬のサインを逃さず読み取って、参加者が素直な思いを伝え合えるように導く。野生の勘でマッチング！というわけだ。会場の中を歩きながら、黒子になって場を盛り上げるのは楽しい。

どう見ても破綻するカップルには、それとなくアドバイスする。この相手では駄目と思うと、人は三秒もすれば視線が下がる。最初は順調に見えた二人でも、どちらかの表情で、もう冷めたことがわかる。逆に、うまくいっている二人は、それなりの気配を発している。

他人と接する機会が少ない子どもは対人恐怖症になったり、悪い子ではないのに友達ができなかったり、バーチャルな友情関係に頼ってしまったりする。婚活に参加する年齢になっても、いまいち人との接し方がわからず戸惑い気味の人がいる。異性に対してだけ構えてしまうタイプの人もいる。自分から声を掛けられない奥手には、多少のサポートが必要になる。誰しも無意識に動物的な直感を働かせて日々生きているわけだが、その本能を、野生児の僕は人のために駆使するのだ。

婚活プロデュース事例

多摩では、古民家婚活、略して「コミコン」を何度か開催した。いつも男女十組ぐらいが参加して盛り上がるのだが、あえて婚活とうたわないイベントで、婚活的な演出をすることもあった。その結果として、知っているだけで、この一年間で四組が結婚した。膝を突き合わせて座る古民家で、仲が深まるようだ。

奈良県東吉野村での婚活サポート。

森の演出家として地域づくりをサポートしている奈良県東吉野村では、五感メソッドを使った婚活を二〇一七年度に二回ほどプロデュースした。婚活と言っても遊びの要素を入れたので、二十～四十代の地元の方たちが、割と気楽に来てくれた。移住・定住につながる婚活事業は地方創生と親和性が高いため、助成金をいただいて参加費も低めに抑えられた。

アイスブレイクは川のそば。椅子は天然の岩だ。女性には座っていてもらって、一人三分間という枠を決めて、男性が順番に話しに行く。全員と二人きりで話すチャンスをつくり、それぞれの第一印象を確認できるように演出した。

それから、アユをつかみ取りして塩焼きにしたり、うどんづくりをしたりして楽しんだ。森や川など自然の中では、人はリラックスして笑顔になるから、比較的すみやかに打ち解け合える。自然遊びをしながら一泊の日程でお互いを知ってもらう企画は好評だった。

昨今の結婚は、本人以上に親が気にしているケースが少なくない。自分の働きで食べることができていて、それが幸せと思ってしまう人は、別に独身でも不足はないと考えている。他人と

川の音に癒やされながらのツーショットタイム。

生活するのは、やっぱり嫌だという声もある。

昔はお見合いが当たり前で、一、二回会っただけで籍を入れるような結婚がざらだった。今のように恋愛から始まる結婚では、幸せの絶頂に行ってから籍を入れるから、以降は頂点から降りていく一方で、結局別れてしまうパターンが見受けられる。婚活のいいところは、結婚したい人どうしで、最初から一緒に暮らす前提で知り合うところだ。普通の恋愛とは違って、冷静に性格を見つめ合って、あまり時間をかけずインスピレーションで決める。

インスピレーションは、ただ天から降ってくるものかもしれないが、森の演出家プロデュースの婚活では、自然の力を借りて参加者の五感を刺激して、自身の感覚で幸運をつかみ取れるようにサポートする。「彼女、たぶん君のことを好きですよ」なんてアドバイスもする。野生児の僕、じつは男女の機微をよく見つめているのだ。自分のこととなると、カラキシ駄目なのだが、そのへんはご愛嬌ということで。

野生児スキルは求められている

自然体験がない人の増加

十代の頃から続けているテレビ制作のサポートや、ここ十年の森林ガイドを通して、どうやら人が僕に期待してくれるのは、自然の中で幼少期から培ってきた五感や蓄えてきた自然界に関する知識の部分だということがわかってきた。

森で遊んできた時間の中に、自分が社会に貢献できる源泉がある。森から得たものを開陳することで誰かの役に立てたりする。つまり、それだけ野生児的な若手が希少価値になっているということだろう。

自然に関心はあっても、実際に自然の中で遊んだ経験が少ない人が増えている。危険から遠ざけられて火や刃物を扱えない子も増えている。経済偏重かつ効率重視の社会で、自然と触れ合う時間や家事をする時間が減り、その価値が軽視されてきた結果だ。

体験・体感の少ない人が大人になって親世代になって何が起きているか。その親に育てられた若者たちと接していて絶句することがある。米を炊く準備を一緒にやった若者は、三十分後にザルを上げてと頼んだら、水の中に浸水が終わった米を残したまま、ザルだけを見事に上げていて僕を慄然とさせた。ピザの焼け具合を見ておいてと頼んだ別の若者は、本当にただ見ていたらしく、焦げているのに何もしてくれなかった。「そんなことありえない！」と叫びたくなるが、経験が一度もない彼らを責めても仕方ない。生活に即した体験・体感を一人でも多く

御岳古民家の眼下には御嶽駅のホームが見える。

の人に提供していく仕事を続けるしかない。

僕は「東京最後の野生児」と呼ばれ、自分でもこの呼称を面白がってきたが、生まれも育ちも「東京の」野生児である。雑踏は非常に苦手だが、「御岳古民家」は電車のホームのすぐ裏だし、本数は少ないけれど電車に乗れば簡単に大都会に出られる。この立地の里山でも、野生児的な子ども時代を過ごせたのだから、きっと全国を見渡せば、今もたくさんの自称・他称の「野生児」が生息していることだろう。

「東京」というキーワードで話題になった野生児の僕は、たぶん地方に行ったら何でもない。こんな僕のスキルにさえ需要があるのだ。最近はお声がけいただく回数が増えて、地方出張も増えている。準備や交渉も自分一人でやるので、森の演出家の源泉である森遊びをする暇がなくなってきた。僕はマグロと同じで止まると弱るから忙しいのは大歓迎だが、ライフワークだった釣りも満足にやれない生活は辛い。釣りの腕前は少し休むとあっという間に鈍るのだ。つまり何が言いたいかというと、全国の野生児とミッションを共有したいのだ。

集まれ！　全国の野生児たち

東京産の野生児の僕が一人でできることは少ない。今までも多くの方に協力してもらって活動してきたけれど、もっと仲間が必要である。森の演出家という仕事は僕のライフワーク、天職だと思っているので、ビジネス的な野心で活動を大きくしたがっているわけではない。めざす未来の実現には規模の拡大が必須なのだ。

野山を駆け回って育った人は、自然体験のベースができている生粋の「森の演出家」だから、少しのトレーニングで、すぐに各地で森活・人活・食活が実践できるようになると思う。バーチャル産業が盛り上がる一方で、自然の中で体得したリアルな情報には希少価値が生まれている。森林率七十％の森林国・日本には、森と人との関係を結び直したい場所が山ほどあって、手が足りていない。

そこで僕は今、理念に共感してくれる人と一緒に、日本全国の森をもっと活気づけて、一人でも多くの大人や子どもに自然体験の機会を提供していくことをめざしている。そのベースとなるのは、全国の隠れた野生児の発掘と、彼らとのネットワークづくりだ。

細長い日本列島には多種多様な自然があって、それぞれの地域に伝承されてきた知恵がある。木の実や山菜の採れる時季や種類も違えば、薬草や炊事の知恵、農業技術、山にかかる雲と天候の言い伝えなども異なるだろう。伝統的な道具や獣害対策、暑さ寒さのしのぎ方など、その地で脈々と受け継がれてきた知恵を教えてもらいたい。交流の機会をつくり、横につながって情報交換がしたい。各地のスキルを持ち寄り、切磋琢磨して互いの能力を伸ばせたら面白い。

冒険的な要素を入れたキャンプなど、野生児たちの知恵を生かした企画を立てて、たくましい次世代を増やす試みを加速したい。

もしかしたら、今となっては野生児の多くはご長老で、もう元気に動き回れないのかもしれない。二十年ほど前に僕は、落語家の桂歌丸さんと相模湖で何回もワカサギ釣りをご一緒した。自分で釣り針をつくり「私も野生児だ」と笑っていた歌丸さんも、すでに彼岸に行ってしまった。日本の野生児は絶滅寸前なのかもしれない。でもきっと、今ならギリギリ間に合うだろう。全国の野生児力を結集して、スマホや動画のシャワーを浴び続けている次世代に、自然の中で生き抜く力を伝授しようではありませんか。

ワカサギ釣り。

釣れたワカサギ。

「森の演出家」として実現したいこと

森の演出家協会五カ年計画

全国に活動を広げたいという夢が明確になった以上、「森の演出家」を一人で名乗っていてもしょうがない。仲間を増やすため、僕は二〇一五年九月に一般社団法人森の演出家協会を立ち上げた。協会の下に食活事業部と畑事業部を設け、それぞれ部長職のスタッフを配置した。奥多摩で二軒の古民家をリノベーションして、「御岳古民家」と「古民家FURUSATO」と名づけ、活動拠点とした。しかし法人化はしたものの、今も活動主体は僕一人の自転車操業である。

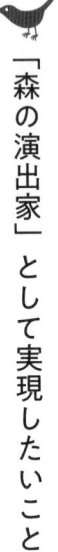

そもそも森林ガイドだけで食べていくのは至難の業だ。皆さんが各地で出会った自然ガイドの多くは、人生の大先輩ではなかっただろうか。よくあるのは、定年退職して時間とお金に余裕のある方が、社会貢献のためボランティアとして利益を求めずに活躍しているケースだ。若い方は公園や施設に雇用されているガイドがほとんどで、僕のようなフリーランスのガイドは少数派である。複合的な仕事をこなして、なんとか食べてきた。

森の演出家は天職だと思っているから、採算よりも理念で動いてきた。動機の原点のところで儲かろうと思っていないから、テレビに出演したり裏方でサポートしたりしても、とくに発信しないことが多かった。終わった時点ですでに過去なので、積極的に人に言う気になれないのだ。頼まれていたのを思い出して告知することもあるが、パソコンをやらないし、宣伝し忘

親子の森林ガイド。

れることのほうが多い。

しかし、テレビ制作スタッフからの問い合わせにもホイホイと答えていたら、心ある人が「そういうの簡単に教えちゃったら仕事にならないでしょ」と心配してくれた。確かにこれだけ需要があるのだから、しくみ化すればビジネスになるのだろう。さらに、森林ガイドをやりたい、と新たに僕のところに見習いとして来る人も増えている。協会の代表をやる以上は「ちゃんと稼いで！」と発破をかけてくれる仲間もいる。野生児の僕でも、さすがに、このままでは良くないと気がついた。

協会を立ち上げてスタッフを雇用している以上、もっと計画性が必要だ。何より、僕と同じように森が大好きで森林ガイドを始めた若手が、食べていけなくて辞めていく現状を変えなければと思うようになった。そこで僕は決めた。森の演出家協会の五カ年計画として、各地に散っている野生児および野生児の卵たちとつながり、持続可能な事業構想を確立し、令和五年までに日本全国に支部を広げることをめざす。利他の精神は変わらず大切にしながら、十年かけて構築してきた「五感メソッド」を多くの人に伝えて、「森活・人活・食活」のプロとして働けるスタッフを育成していく。

五感メソッドの科学的裏づけも取れつつあるし、森の演出家協会がめざす全国の森の演出事業は、国が掲げる地方創生の方向性とも合致している。自然の中で生きていく技術を次世代につなぐ重要性は増すばかりだ。僕らの活動には追い風が吹いている。

インターンに来た大学生たちと話していて、「趣味と仕事は違うから」と言われた時には、僕は迷わず「でも趣味から入ったほうがいいよね」と持論を述べた。仕事は人生をかけてやるものだから、中途半端な愛情では続かない。僕は森が好きだ。生き物や自然が好きだ。それらの魅力を伝えてゲストの表情が輝く瞬間が好きだ。本気で好きなものに真正面からぶつかったほうが、結果的にうまくいくと信じている。大変なこともたくさんあるが、人生に根ざした自分の軸から生まれたオリジナルの発想にニーズがあると、とても幸せを感じる。夢を広げつつも、ブレない活動を続けていきたい。

全国に「森プロ」の拠点を

森の演出家協会は、支部に地域の有志を集め、通称「森プロ」と呼ぶプロフェッショナル集団として活動していく計画を立てている。森プロは、森をプロデュースするワザを持つ人たちの組織である。それぞれの地域で魅力的なイベントを企画して、森活・人活・食活を実践していきたい。

全国で展開できそうな森プロのワザには、どのようなものがあるだろう。きっと先々、思いもしないワザが各地から飛び出すと期待しているが、ここには、すでに僕がやってきたメニューや、仲間と提供の準備ができつつあるメニューを挙げてみる。

●五感セラピー（五感ガイド）
●山菜採り
●きのこ採り
●昆虫探し
●山歩き
●味噌づくり
●そば打ち
●木工
●藤づる細工
●森ヨガ
●火おこし
●キャンプ
●星空観察
●トレイルランニング（未舗装の山道などを駆け抜けるスポーツ）
●クライミング
●木こり体験
●川下り
●雪板（雪の上を滑るサーフィンのようなスポーツ）
●若手育成（長老たちは見守り、若手がのびのびと活動できる場づくり）

新潟支部のみなさん。

ほかにもたくさんあると思う。こうした自然体験のワザを提供できるプロフェッショナルを各地の支部に結集して森をプロデュースしていく。活動を全国に展開する第一歩として、二〇一九年四月に森の演出家協会の第一号支部となる「新潟支部」が誕生した。新潟支部には、僕たちの理念や構想に共感する十五人以上のプロフェッショナルが集まった。メンバーの本職は、役場職員や議員、柏崎刈羽原発の職員、和紙職人や陶芸家など。それぞれが地元・新潟に熱い思いを持ち、組織単位でなく個人で参加してくれている。支部長や理事などの役職を支部内で定め、僕は今後、監修として関わる。

新潟は、二〇〇四年の新潟県中越地震で大きな被害を受けた。その学びを先々に継承するため、新潟支部では、「人活」の要素に防災を入れることを決めた。その他、自然体験プログラムでは、メンバーの和紙職人や陶芸家が講師役を務めるイベントを計画している。

支部が自立すれば、地域の人が継続的に地元で働ける場を次世代に残せることになる。全国で、貴重な木材を使った歴史ある古民家が朽ちかけている。そういう地域資源を掘り起こし、リノベーションする力にもなれたらと思っている。意欲ある「地域おこし協力隊」が三年で仕事ができなくなって地域を去るのではなく、彼らが地域に残って、森林ガイドや特産品のプロデューサー、古民家宿のオーナーなどとして活躍するベースにもなれるのではないか。

各支部は、それぞれの地方自治体と組むことも可能だろう。僕一人が各地の森に出向いて「五感メソッド」を使ってガイドするのではなく、その手法を各支部に渡して、それぞれの地域の人材が活躍して森を演出できるようにしたい。支部ごとにユニークな体験を提供できるようになり、それぞれの実施地域がしっかり潤うようになるのが理想だ。

野生児の力で日本を救う

日本の国土は三分の一が森林である。先進国でありながら、世界屈指の森林国だ。その一方で、世界最速で少子高齢化が進んでおり、公共交通などインフラが行き届かない山村の過疎化は深刻さを増している。

しかしそこには、価値ある伝統的な暮らしがある。石器時代や縄文時代から続くような里もある。日本の各地に連綿と続いてきた独特な文化がこのまま消えるのは惜しい。野生児ヒエラルキーで見れば下位にいる東京の野生児の僕が言うのもおこがましいけれど、地方の山に代々暮らしてきた生粋の野生児たちの知恵を、間に合ううちに発掘して、全国に共有して、次世代に引き継ぎたい。

残念なことに地球環境は年々悪化していて、豪雨に伴う洪水や山崩れが頻発している。そんな時代に、自然との関わりや自然への関心が薄れ、山や川や森のことを知らない人が社会の大多数を占めている現実にゾッとする。一人ひとりが生きる力を身につけて、自分や家族を守れるようにしていきたい。

活動をスピードアップするためにも、僕は、全国に散っている元祖・野生児を集めることと並行して、新たな野生児も「育成」していく。都会の小学生向けのプログラムに力を入れてきたのも、バーチャル時代に生きる子どもたちをリアルな自然の中に連れ出し、その豊かな感性を花開かせて、真に強い、生きる力のある子どもたちを増やしたいと願っているからだ。この理念は、いつでも活動の根っこにあって揺るがない。

幼い子どもには最初、母親や家族しか見えていない。小さな子どもの目線で、ぼんやりと子どもなりの世界を捉えている。でも脳が発達して活性化してくると、その鋭敏な神経でいろいろな物事を察知して、視野もぐんと広がる。小さな子どもの目線から大人の目線へ。どんどん成長していくと同時に、人間としての器も広がっていく。

五感を研ぎ澄ませるためには手法があって、田舎育ちである必要はない。自然の中で体験・体感を積んで、本質を見抜く力を磨けば、その経験量がその子の人生の付加価値となり、生きる意欲がわいてくる。何人もの子と接してきて、そう実感している。

僕の活動は、今ちょうど過渡期にある。これまでは「東京最後の野生児」という使命感で自分が動いていた。これからは活動を未来につなぐ第二章に入る。「東京最後の野生児は、次世代の野生児を創る」。この信念を胸に、残りの半生を駆け抜けようと思う。何よりも大事なのは、リアルな体験と体感。子どもも大人も、もっと森に入って元気になろう。僕らの活動が、そのムーブメントの一つの発信源になれれば、こんなに嬉しいことはない。

来たれ！　次世代の“野生児”たち。

おわりに

森には人を癒やす力があります。そして日本には、これだけのボリュームの森があります。それでいて、日本の自殺者数は依然として年間二万人を超え、僕のゲストにも、うつ傾向の人がたくさんいます。こんな矛盾があっていいのでしょうか。

僕は森の中で過ごす時間が好きで、自分自身が楽しんで森林ガイドをしてきました。笑顔でいると、ゲストも楽しんで笑顔で帰っていきます。人を元気にするこの仕事が天職だと気づき、やりがいを感じて続けてきました。

でも、社会全体として右のような状態が続いている以上、多摩エリアの活動だけで、自己満足で終わるわけにはいかないと思いました。この仕事をやりたいという人がいれば、ノウハウを伝えて、森の演出家を全国に増やしていこうと決めました。

森に親しむ人口を増やすことができれば、たくさんの人のストレスを軽減して笑顔を増やすことができます。多摩には多摩にしかない魅力があるように、各地の森に、そこにしかない良さがあります。その事実に気づく人が増えれば、東京一極集中が過度に進むこともなく、地方に仕事が生まれ、移住して定住する人が増えることにもつながるでしょう。

森と人をつなぐ活動は、人を元気にできる価値ある仕事です。各地の歴史を背負った「森の演出家」が全国で活躍できるしくみをつくり、森林国・日本の未来を輝かせたい。本気でそう思っています。

一人でも多くの同志がこの本に気づき、僕らとつながってくれますように。これからの時代を、たくましく生き抜く全国の子どもたちのために、一緒に働きましょう！

＊

本書の執筆から完成にいたるまで、たくさんの方に協力していただきました。

木村俊昭先生、李卿先生、宮下力先生、瀬戸内千代さん、太陽スポーツ施設株式会社（サニースクール）、グローブライド株式会社（ダイワ）、株式会社新越ワークス（ユニフレーム）、ルートインジャパン株式会社（ルートインホテルズ）、ＮＰＯ法人グリーンズ（greenz.jp）、ＮＰＯ法人 sopa.jp（そとんち）。

すべての方のお名前を挙げることはできませんが、これまで僕のガイドに参加してくださったみなさま、いつも僕の活動を応援してくださっているみなさまにも、心からの感謝を申しあげます。

【著者プロフィール】

土屋　一昭（つちや　かずあき）

一般社団法人森の演出家協会代表。「東京・多摩国際プロジェクト」多摩本部代表。

1977年東京都青梅市生まれ。青梅と奥多摩の2軒の古民家にゲストを迎え、森・人・食をつなぐ「森の演出家」活動に勤しむ。2009年からネイチャーガイドとして、「ツッチー」の愛称で、多くの子どもや大人に自然体験の魅力を伝えてきた。小学校への出前授業や各地の森のサポート事業で全国を飛び回る。

自然教育や地方創生への功績によって、2017年に第5回グッドライフアワード環境大臣賞（個人部門）を受賞。

一般財団法人 森の演出家協会ホームページ：
http://mori-kyoukai.com/index.html

「森の演出家」がつなぐ森と人

五感を解き放つ とっておきの自然体験

2019年11月10日　第1刷発行

著　　者　土屋一昭
発 行 人　曽根良介
発 行 所　株式会社化学同人

〒600-8074　京都市下京区仏光寺通柳馬場西入ル
編集部　TEL:075-352-3711　FAX:075-352-0371
営業部　TEL:075-352-3373　FAX:075-351-8301
振　替　01010-7-5702
https://www.kagakudojin.co.jp
webmaster@kagakudojin.co.jp

本文ＤＴＰ　株式会社ケイエスティープロダクション
印刷・製本　株式会社シナノパブリッシングプレス

ISBN 978-4-7598-2012-6